A. Monjallon
Einführung in die moderne Mathematik

Logik und Grundlagen der Mathematik

Herausgegeben von
Prof. Dr. Dieter Rödding, Münster

Band 5

Band 1
L. Felix, Elementarmathematik in moderner Darstellung

Band 2
A. A. Sinowjew, Über mehrwertige Logik

Band 3
J. E. Whitesitt, Boolesche Algebra und ihre Anwendungen

Band 4
G. Choquet, Neue Elementargeometrie

Band 5
A. Monjallon, Einführung in die moderne Mathematik

Band 6
S. W. Jablonski / G. P. Gawrilow / W. B. Kudrjawzew,
Boolesche Funktionen und Postsche Klassen

Band 7
A. A. Sinowjew, Komplexe Logik

Band 8
J. Dieudonne, Grundzüge der modernen Analysis

Band 9
N. Gastinel, Lineare numerische Analysis

Albert Monjallon

Einführung in die moderne Mathematik

Mit 83 Bildern

2., durchgesehene Auflage

SPRINGER FACHMEDIEN WIESBADEN GMBH

Übersetzung: Prof. Dr. *Ferdinand Cap*, Innsbruck

Verlagsredaktion: *Alfred Schubert*

Titel der französischen Originalausgabe
Introduction aux mathématiques modernes
Copyright © 1963 by Librairie Vuibert, Paris

ISBN 978-3-528-18280-9   ISBN 978-3-663-16043-4 (eBook)
DOI 10.1007/978-3-663-16043-4

1971

Alle Rechte an der deutschen Ausgabe vorbehalten

Copyright © 1970/1971 Springer Fachmedien Wiesbaden

Ursprünglich erschienen bei Friedr. Vieweg + Sohn GmbH, Verlag Braunschweig 1971

Vorwort

Die ständige Entwicklung der Wissenschaft, deren Ergebnisse die Welt immer schneller verändern, hat wahrscheinlich bei Ihnen Verwunderung hervorgerufen, die nicht ohne Angst geblieben ist. Sicher haben Sie an die bedeutende Rolle gedacht, die die Mathematik dabei spielt. In keinem Bereich ist sie unentbehrlich: Flugwesen und Schiffahrt, Eisenbahn- und Kraftverkehr, Bergwerke und Bohrwesen, hydraulische und nukleare Energiegewinnung stehen ständig unter ihrem Einfluß.

Die Wissenschaftler sind nicht damit zufrieden, von der Entwicklung der Sterne bis zum Verhalten der Elektronen nur alles zu verstehen und zu erklären, sondern sie bemühen sich mit der Hilfe der Mathematik, immer größere Kraftquellen zu entdecken, zu untersuchen und nutzbar zu machen. So öffnet sich den jungen Wissenschaftlern unserer Tage wie früher den jungen Abenteurern der Zeit der großen Entdeckungen ein Bereich mit fesselnden Arbeiten und fruchtbaren Forschungen.

In der Schule sind Sie mit der Arithmetik, der Algebra, der Elementargeometrie bekannt geworden. Wenn Sie ein gewisses Interesse für Abstraktion haben, bewundern Sie wahrscheinlich die Eleganz dieser Wissenschaft und hoffen, den magischen „Sesam" zu finden, der alle Türen des Wissens für Sie öffnen wird. Aber vielleicht haben Sie auch im Laufe Ihres Studiums — das haben wir alle durchgemacht — eine gewisse Entmutigung erlebt, als die Mathematik Ihr Aufnahmevermögen zu übersteigen und Ihre Anstrengungen zu Fall zu bringen schien. Schon nahe daran, an sich selbst zu verzweifeln, haben Sie sich gefragt: „Warum entzieht sie sich meinen Bemühungen? Was fehlt mir, um die Mathematik ganz zu beherrschen?"

Zwei große Männer — von denen einer den Nobel-Preis erhielt — haben sich diese Fragen gestellt und haben sie auf sehr ähnliche Weise beantwortet, indem sie die Art, Mathematik zu lehren, als schlecht bezeichneten. Nach ihren Meinungen wird das Wesentliche, d.h. der grundsätzliche Aufbau, der das Verständnis erleichtern soll, nicht genug herausgearbeitet. Ist das auch der Grund, warum Sie daran zweifeln, den notwendigen Fortschritt machen zu können?

Sollte nicht der hergebrachte Unterricht in der Elementarmathematik gründlich verändert werden? Ich glaube es nicht, aber man müßte auf die Grundlagen zurückgehen, um mit den Kenntnissen, die zum Verständnis der höheren Mathematik notwendig sind, umgehen zu können. Dies war der Grund, dieses Buch für die, die zweifeln, zu schreiben.

Die Mengen, deren vorherrschende Rolle in der modernen Mathematik bekannt ist, bilden unseren Ausgangspunkt. Das Studium der Mengenalgebra und der Operationen auf Mengen zeigt uns die Notwendigkeit, einige Begriffe von Logik und Axiomatik genau zu definieren. Nach einem kurzen Überblick über kommutative Gruppen wird gezeigt, wie man durch Kenntnis der Konstruktion einer Gruppe verschiedene mathematische Systeme bilden kann. So hoffen wir, durch das Studium dieser Grundlagen dem Leser Vertrauen und Hoffnung für seine zukünftigen Arbeiten gegeben zu haben.

Die verschiedenen Abschnitte enthalten abgestufte Übungen, durch die der Leser seine Kenntnisse überprüfen kann. Seine Fortschritte kann er kontrollieren, indem er die Problemaufgaben am Ende jedes Abschnittes löst.

Ich wäre den Lesern dankbar, wenn sie mich auf Irrtümer — ich hoffe, es sind nur wenige — die sie in diesem Buch finden, aufmerksam machten.

Albert Monjallon

Inhaltsverzeichnis

1.	**Mengen**	1
1.1.	Einleitung und elementare Begriffe	1
1.2.	Eigenschaften der Elemente und der Mengen	2
1.3.	Variable und Variablenbereiche	3
1.4.	Die Konstruktion von Mengen	4
1.5.	Die Namen für Objekte und Mengen	8
1.6.	Die allgemeine Gleichheitsrelation	9
1.7.	Die Gleichheit	10
1.8.	Übungen	12
2.	**Weiteres über Mengen**	15
2.1.	Untermengen und Obermengen. Die Inklusion	15
2.2.	Betrachtungen über die Gleichheit und die Inklusion	17
2.3.	Der Gebrauch gewisser Mengen	19
2.4.	Die leere Menge und die Einermenge	20
2.5.	Disjunkte Mengen. Strikte Inklusion	23
2.6.	Geordnete Paare. Diskrete Mengen und kontinuierliche Mengen	25
2.7.	Cartesische Produkte	27
2.8.	Übungen	28
3.	**Operationen auf Mengen**	31
3.1.	Allgemeines über die Mengenalgebra	31
3.2.	Der Durchschnitt von Mengen	31
3.3.	Vereinigung von Mengen	35
3.4.	Vermischte Operationen	38
3.5.	Das Komplement einer Menge	41
3.6.	Dualität	44
3.7.	Zusammengesetzte Mengen und ihre Komplemente	45
3.8.	Übungen	48
4.	**Relationen**	52
4.1.	Gewöhnliche Relationen	52
4.2.	Mathematische Relationen	54
4.3.	Darstellung von Relationen in endlichen Mengen	56
4.4.	Darstellung von Relationen in unendlichen Mengen	59
4.5.	Komplementäre und inverse Relationen	64
4.6.	Mathematische Nomenklatur	66
4.7.	Spezielle Arten von Relationen	68
4.8.	Erweiterung des Begriffes der Relation	72
4.9.	Übungen	76
5.	**Funktionen**	80
5.1.	Die Grundlagen des Funktionsbegriffes	80
5.2.	Verschiedene Betrachtungsweisen von Funktionen	86
5.3.	Spezielle Typen von Funktionen	87
5.4.	Übungen	91

6.	**Über die mathematische Sprache**	94
6.1.	Das Gespräch und der Satz	94
6.2.	Modifikatoren und Bindewörter	98
6.3.	Allgemeingültige Aussagen	101
6.4.	Quantoren	105
6.5.	Quantorenregeln	110
6.6.	Absolute Variable und Substitution	112
6.7.	Übungen	116
7.	**Ein wenig Axiomatik**	119
7.1.	Die Ausdrücke eines mathematischen Systems	119
7.2.	Primitive Ausdrücke	120
7.3.	Definitionen	120
7.4.	Postulate und Theoreme	122
7.5.	Modelle eines mathematischen Systems	124
7.6.	Die Beweisregeln	125
7.7.	Direkte und indirekte Beweise	128
7.8.	Deduktive Systeme	130
7.9.	Übungen	131
8.	**Die kommutative Gruppe**	133
8.1.	Allgemeines über die Methode der Abstraktion	133
8.2.	Anwendung auf die Konstruktion einer Gruppe. Das Abschlußpostulat	136
8.3.	Die Postulate der Assoziativität, Kommutativität und Identität	137
8.4.	Das Postulat des Inversen	139
8.5.	Die Postulate und Theoreme der kommutativen Gruppe	140
8.6.	Erweiterung der Theorie. Binäre Operationen. Die Operation „Kreis".	146
8.7.	Verschiedene Modelle der kommutativen Gruppe. Symmetrische Differenz und direkte Summe	149
8.8.	Übungen	158
	Sachwortverzeichnis	162

1. Mengen

1.1. Einleitung und elementare Begriffe

Das Wort *Menge* hat in der Mathematik einen gegenüber der Umgangssprache eingeschränkten Sinn. Es bedeutet eine Zusammenfassung bestimmter Objekte zu einem Ganzen. Wir sprechen etwa von

Mengen von Personen oder materiellen Objekten
Mengen von Eigenschaften, Begriffen oder von Eindrücken
Mengen von Mengen.

Einige spezielle Mengen sind:

Die Menge der Schüler einer bestimmten Schulklasse, die an einem bestimmten Schultag während des Mathematikunterrichts anwesend sind.
Die Menge der Bücher in einer Bibliothek.
Die Menge der Eigenschaften, die jeder Professor gerne an seinen Schülern beobachten möchte, Eigenschaften wie Intelligenz, Höflichkeit, Ehrlichkeit u. a.

Dagegen sollen Redeweisen wie „Die Menge Wasser ist 4 Liter", „Auf dem Platz befand sich eine Menge Menschen" ausgeschlossen werden; die erste, weil es an zusammenfassenden Objekten fehlt, die zweite, weil der Sprecher im allgemeinen keine bestimmten Menschen meint, sondern gerade die Unbestimmtheit (unbestimmte Vielzahl) der zusammenzufassenden Objekte ausdrücken will.

Wir wollen schließlich ein schwierigeres Beispiel betrachten: Die Sportvereinigung einer Schule ist eine Menge von Knaben (oder Mädchen). Sie kann aber auch als eine Menge von speziellen Mengen aufgefaßt werden, die durch die einzelnen Gruppen verschiedener Sportarten gebildet werden. Man spricht in diesem Falle allgemein von einer *Mengenfamilie*.

Die Worte *Klasse, Familie, ...* verwendet man oft als Synonym zum Wort Menge. Diese Worte stehen daher häufig gleichbedeutend nebeneinander. Im Folgenden wird jedoch immer der Ausdruck Menge bevorzugt. Einige andere Wörter wie *Herde, Rudel, Schwarm, ...* bezeichnen spezielle Mengen.

Die Dinge, welche eine Menge bilden, heißen *Elemente* oder *Glieder* dieser Menge. Die Relation, in der ein Objekt zur Menge steht, zu der es gehört, nennt man die Relation der *Zugehörigkeit:* Ein gegebenes Objekt *gehört* zur Menge oder es *gehört nicht* dazu. Umgekehrt ist die Relation einer Menge zu einem seiner Elemente eine Relation des *Besitzens*. Eine Menge *besitzt* das betrachtete Objekt als Element oder besitzt es nicht.

Genau gesagt bedeutet das im folgenden Fall: Meine Bibliothek ist eine Menge von Büchern. Man findet dort das Buch „Die Grundlagen der Mengenlehre" von E. Borel. Dieses Buch ist ein Element meiner Bibliothek. Man findet dort aber nicht die erste Ausgabe der "Principia mathematica" von Newton. Dieses Buch ist bedauerlicherweise kein Element meiner Bibliothek.

Die Begriffe *Objekt, Glied, Element* und *Menge* sind für ein organisiertes Denken grundlegend. Die ersten Kapitel dieses Buches sind daher ihrer Beschreibung gewidmet. Man ist allgemein überrascht, derartige Überlegungen in einem Mathematiklehrbuch zu finden. Aber sobald dem Leser die tragende Rolle des Mengenbegriffes gezeigt worden ist, wird er nach einiger Überlegung sicher nicht nur seine Nützlichkeit, sondern auch seine Notwendigkeit einsehen.

Es ist von Vorteil, wenn sich der Leser möglichst rasch an die Schriftzeichen gewöhnt, mit deren Hilfe über Mengen, Elemente von Mengen oder über die Relationen zwischen Elementen und Mengen gesprochen wird. Meist wird eine Menge mit dem Großbuchstaben M bezeichnet, oft aber auch mit einem anderen beliebigen indizierten oder nicht indizierten Großbuchstaben: $M_1, M_2 \ldots A, B, C, \ldots$ Die Objekte bezeichnen wir mit Kleinbuchstaben $a, b, c, \ldots, a_1, a_2, \ldots$ oder in mehr spezifischer Weise durch Worte: „Zahl", „Buch", „Vogel", u.a.m.

Die Relation „ist Element von" (oder „gehört zu") wird mit Hilfe von $\in$ ausgedrückt, dem Symbol der Zugehörigkeit. Die entgegengesetzte Relation „ist nicht Element von" bezeichnet man durch $\notin$, dem Symbol der Nicht-Zugehörigkeit. Um auszudrücken, daß a ein Element von A ist, schreibt man

$a \in A$ [1]),

und um auszudrücken, daß b nicht Element von A ist

$b \notin A$ [1]).

Zum Beispiel sei M die Menge der ersten sechs natürlichen Zahlen 1, 2, 3, 4, 5, 6. Wir können also schreiben

$2 \in M, \quad 7 \notin M$.

1.2. Eigenschaften der Elemente und der Mengen

Betrachten wir als Beispiel einen Korb Äpfel. Einige davon seien rot, andere grün, einige süß, die anderen sauer, ein Teil davon sei gesund, der andere Teil wurmstichig. Alle genannten Adjektive bezeichnen Eigenschaften, die für die Güte oder die Mängel der Äpfel von Bedeutung sind. Ein einziger Apfel kann zugleich grün, sauer und wurm-

---

[1]) Diese Bezeichnungsweise stammt von *G. Peano*.

stichig sein. Was können wir aber über den gesamten Korb Äpfel aussagen? Zum Beispiel, daß er schwer ist, daß die Äpfel untereinander verschiedene Eigenschaften haben, daß ihre Gesamtzahl 97 ist. Später könnten wir noch sagen, daß diese Menge diskret und nicht geordnet ist. Diese Eigenschaften des Korbes Äpfel als Ganzes erscheinen uns deutlich unterschieden von den Eigenschaften der Elemente der Menge.

Man sieht also, daß es einen Artunterschied zwischen den Eigenschaften der Objekte und den Eigenschaften der Mengen gibt, zu welchen diese Objekte gehören, obwohl manchmal diese Unterscheidung äußerst schwierig wird, in jenen Fällen zum Beispiel, wo alle Elemente einer Menge dieselbe Eigenschaft besitzen. Wir wollen uns im Augenblick mit der Feststellung begnügen, daß eine Menge Eigenschaften besitzen kann, die keinem ihrer Elemente zukommen, und daß umgekehrt die Elemente einer Menge Eigenschaften haben können, die die Menge selbst nicht hat.

Das eben Gesagte ist übrigens eine Tatsache, der wir im täglichen Leben recht oft begegnen. *J. J. Rousseau* ließ diese Tatsache evident werden, als er in seinem berühmten Werk "Le Contract social" auf der Unterscheidung zwischen dem Willen der Allgemeinheit und dem Willen eines Einzelnen bestand.

Kehren wir jedoch zu dem Korb Äpfel zurück. Er kann uns noch weiterhin als Beispiel einer Menge dienen. Nehmen wir an, jemand habe beim Auslesen einen Korb wurmstichiger Äpfel zum Fortwerfen beiseite geräumt. Er könnte nun sagen: „Dieser Korb ist wurmstichig". Das könnte jedoch nur bildlich gemeint sein. In mißbräuchlicher Erweiterung der Wortbedeutung wird hier die Eigenschaft wurmstichig der Objekte auf die Menge selber angewandt, weil man sie auf alle Elemente der Menge anwenden kann.

Nehmen wir an, ein Korb enthalte Äpfel, die alle vom selben Baum stammen.

Wie könnte man die folgenden Fragen beantworten:
Gehören die Äpfel im Korb (Menge) zur Menge aller Äpfel, die dieser Baum während der letzten vier Jahre getragen hat?

Kann man sagen, daß dieser Korb Äpfel kein Element mit der Menge der Äpfel gemeinsam hat, die dieser Baum vor vier Jahren getragen hat?
Ein Mathematiker wird beide Fragen bejahen.

1.3. Variable und Variablenbereiche

Manchmal ist es vorteilhaft, wenn man sich auf irgendein Element einer Menge beziehen kann, ohne unmittelbar auf dessen Identität einzugehen. Ein geeignetes Mittel hierfür ist der Begriff der *Variablen*.

Angenommen, jemand möchte einem seiner Freunde erzählen, er habe einen gemeinsamen Bekannten in Begleitung seines Kollegen Karl gesehen, und möchte dabei den Namen des Bekannten nicht erwähnen. Er könnte sagen: „Gestern abend habe ich unseren Freund x mit Karl gesehen".

Für den Sprecher ist x ein anderer Name für die bestimmte, von ihm gemeinte Person. Für den Freund ist x eine *Variable*. Er kann sich für x jeden gemeinsamen Bekannten eingesetzt denken. Das Symbol x bezieht sich auf ein Element der Menge, hier die Menge der gemeinsamen Bekannten. Die betreffende Menge heißt *Bereich der Variablen*.

Die Verwendung von Variablen erfordert die Wahl eines Symbols, wofür im allgemeinen einer der letzten Buchstaben des Alphabetes x, y, z, ... dienen soll. Sie erfordert auch die Festlegung des Variablenbereiches. Zum Beispiel sagen wir häufig: x sei eine Zahl aus dem Bereich der natürlichen Zahlen, z sei ein Punkt aus dem Bereich, der vom Inneren eines in einer Ebene P gegebenen Kreises C gebildet wird. ...

Der Leser hat sicher bereits viele ähnlichen Beispiele kennengelernt. Ein geometrisches Beispiel wäre etwa:

Sei P eine Variable, deren Bereich die Menge der Punkte in einer Ebene ist. Q und R seien zwei andere Variable mit demselben Bereich.

Satz: Sind R und Q verschiedene Punkte, so liegt P genau dann auf der Mittelsenkrechten von $\overline{RQ}$, wenn P von R und P von Q denselben Abstand haben.

Das ist nur eine Redewise, um den folgenden Sachverhalt auszudrücken: Der Ort der von A und B äquidistanten Punkte ist die Mittelsenkrechte der Strecke $\overline{AB}$.

Das Wort „*Variable*" führt manchmal zu Mißverständnissen. Man beachte, daß es sich dabei nicht um ein Objekt handelt, das sich während seiner Verwendung ändert oder gewechselt wird. Für die Variable kann jedes beliebige Objekt eingesetzt werden, das zum angegebenen Bereich gehört. Wenn sie jedoch in einer Aussage mehrmals auftritt, so muß stets jeweils dasselbe Objekt eingesetzt werden. Zum Beispiel:

„Man wähle eine natürliche Zahl, addiere 1 und erhebe die neue Zahl zum Quadrat. Vom Ergebnis subtrahiere man das Zweifache der ursprünglichen Zahl vermehrt um 1. Das Ergebnis ist das Quadrat der anfangs gewählten Zahl."

Mit einer Variablen x geschrieben, bedeutet das

$$(x + 1)^2 - (2x + 1) = x^2.$$

Es ist klar, daß man für jedes x in dieser Gleichung dieselbe natürliche Zahl einsetzen muß. Würde man x bei jedem Vorkommen als neue Variable auffassen und würde man dafür in der obigen Behauptung nicht stets dasselbe Objekt einsetzen, so erhielte man natürlich Unsinn.

1.4. Die Konstruktion von Mengen

Wir haben bereits über Mengen gesprochen, ohne zu erklären, wie man solche Mengen herstellen kann. Wir können dies jedoch nun nachholen.

1.4. Die Konstruktion von Mengen

Wo es möglich ist, besteht der einfachste Weg in der Zusammenfassung der Elemente. Man stellt die Elemente zusammen und sagt: „Diese Menge hier". Wo dieser Weg nicht möglich ist, kann man eine Liste der Elemente aufstellen. Dieses Verfahren heißt *Aufzählung*. Wir haben diese Art schon verwendet, geben aber noch andere Beispiele.

Die Menge der „Ziffern" ist 0, 1, 2, 3, 4, 5, 6, 7, 8, 9. Die Menge der Monate: Januar, Februar, März, April, Mai, Juni, Juli, August, September, Oktober, November, Dezember.

Man beachte: In diesen Beispielen ist die Liste der Elemente vollständig. Wir sagen, daß wir es hier jeweils mit einer endlichen Menge zu tun haben. In solchen Fällen ist es immer möglich, die Menge durch Aufzählen zu konstruieren. Darüber hinaus gibt es aber Mengen, die man nicht vollständig aufzählen kann. Dies zeigt, daß die Aufzählung nicht die einzige Methode zur Konstruktion von Mengen sein kann; sie ist auch nicht die wirksamste.

Die Menge der natürlichen Zahlen, d.h. die Menge 1, 2, 3, ... kann man niemals vollständig aufzählen. In dieser Hinsicht handelt es sich um eine Menge, die sich von den übrigen in diesem Paragraphen angeführten Mengen unterscheidet. Man nennt solche Mengen *unendlich*.

Eine weitere, kürzere und allgemeinere Methode der Konstruktion von Mengen ist deren *Beschreibung*. Es genügt, eine Eigenschaft (oder mehrere Eigenschaften) anzugeben, die die Objekte und nur diese haben sollen, die die betrachtete Menge bilden.

Zum Beispiel sagen wir: Die Menge aller natürlichen Zahlen, die die Summe zweier Quadrate von natürlichen Zahlen sind. Die Menge aller Kreise um einen gegebenen Mittelpunkt A. Die Menge aller Vektoren von einem gegebenen Raumpunkt A aus.

Das Wesentliche der Konstruktion einer Menge durch Beschreibung liegt also in der Angabe einer Eigenschaft (oder mehreren Eigenschaften), die die Elemente einer Menge charakterisiert. Diese Eigenschaft wirkt wie ein Filter. Für jedes Objekt kann festgestellt werden: Hat es die verlangte Eigenschaft oder nicht? Je nach der Antwort gehört das Objekt zur Menge oder nicht.

Die Möglichkeit der Beschreibung veranlaßt uns, auf zwei wichtige Tatsachen hinzuweisen. Erstens spielt die Reihenfolge, in der die Elemente betrachtet werden, keine Rolle. Zweitens dürfen die Elemente einer Menge noch andere Eigenschaften haben als jene, auf Grund deren sie zu einer Menge zusammengefaßt werden. Ihre individuellen Unterschiede sind jedoch, was die Menge betrifft, nicht von Interesse.

Die Beschreibung „Menge der ersten drei natürlichen Zahlen" und die Aufzählung „1, 2, 3" führen zur selben Menge. Da die Ordnung gleichgültig ist, gibt es noch fünf andere Möglichkeiten, die Menge aufzuzählen: 2, 3, 1; 3, 1, 2; 2, 1, 3; 1, 3, 2; 3, 2, 1. Auf welche Weise wir auch a, b, c, ... , x, y, z schreiben, diese Aufzählung ergibt stets dieselbe Menge: unser Alphabet.

Betrachten wir nun die Menge aller gleichschenkligen Dreiecke. Einige unter ihnen sind offensichtlich gleichseitig. Einige davon haben zwei Seiten von 1 km Länge. Aber diese Eigenschaften fallen nicht ins Gewicht, wenn es um die Menge aller gleichschenkligen Dreiecke geht.

Wir haben bemerkt, daß die Methode der Beschreibung im allgemeinen kürzer als die Methode der Aufzählung ist: Eine Menge läßt sich schneller *beschreiben* als *aufzählen*. Offensichtlich ist die Beschreibung „Menge der geraden Zahlen zwischen 10^3 und 10^4" kürzer als die entsprechende Aufzählung. Ist es aber einfacher zu sagen:

„Menge aller Buchstaben des Alphabetes"

oder als

„die Menge: a, b, c, d, e, f, g, h, i, j, k, l, m, n, o, p, q, r, s, t, u, v, w, x, y, z"?

Die Beschreibung ist hier nur im Gespräch leichter durchführbar.

Es gibt aber auch Mengen, die man leichter aufzählt als beschreibt. Zum Beispiel die Menge 2, 3, 5, 7 und „die Menge der ersten vier Primzahlen".

Wir haben behauptet, daß die Beschreibung eine allgemeinere Methode darstellt. Es ist evident, daß jede Aufzählung durch eine Beschreibung ersetzt werden kann. Umgekehrt kann man aber nicht jede Beschreibung durch eine Aufzählung ersetzen. Das gilt z. B. für alle *unendlichen* Mengen.

Wie dem auch sei, im Folgenden denke man sich die Mengen stets nach der Methode konstruiert, die am geeignetsten ist.

Die Konstruktionsmethoden für Mengen, die soeben dargestellt wurden, sind einfach. Es ist jedoch zu befürchten, daß die Eindringlichkeit, mit der wir die Auffassung von einer Menge als Zusammenfassung von Objekten dargestellt haben, im Leser bei der Gegenüberstellung mit der Konstruktionsmethode durch Beschreibung eine gewisse Unruhe hervorruft. Worauf läuft denn nun der Begriff der Menge wirklich hinaus?

Man denke an die als Sieb wirkende Eigenschaft und man wird sofort den Zusammenhang wieder entdecken: Die zwei Gesichtspunkte stehen durchaus im Einklang miteinander. Warum aber, könnte man fragen, haben wir dann bis jetzt die Beschreibung hintangestellt? Der Begriff der Zusammenfassung war als Grundlage zur Einführung des Mengenbegriffes bequemer. Die Beschreibung bringt nämlich leicht Komplikationen mit sich. So kann man etwa die Menge 1, 2, 3, 4, 5 auf verschiedene Arten beschreiben: als „Menge der natürlichen Zahlen kleiner als 6", als „Menge der bei der Division durch 6 als Rest möglichen, von Null verschiedenen Zahlen" usw. Während diese Menge eine im wesentlichen eindeutig bestimmte Aufzählung hat, ist sie durch mehrere Beschreibungen konstruierbar. Es drängt sich die Frage auf: Dürfen wir Eigenschaften, die zu denselben Mengen führen als identisch betrachten?

In der Praxis unterscheidet der Mathematiker nicht zwischen dem Gesichtspunkt der Zusammenfassung und dem der Beschreibung. Er interpretiert ganz allgemein eine

1.4. Die Konstruktion von Mengen

Menge als Zusammenfassung und definiert sie durch eine Beschreibung mit Hilfe einer für die Elemente charakteristischen Eigenschaft. Wenn er nach eingehendem Studium dann entdeckt, daß zwei Eigenschaften zur selben Menge führen, formuliert er, ohne im geringsten enttäuscht zu sein, diese Tatsache als Theorem.

Der Mathematiker kann zum Beispiel nachweisen, daß die Menge der geraden natürlichen Zahlen mit der Menge der natürlichen Zahlen identisch ist, deren Quadrate gerade sind. Somit spricht der Mathematiker folgenden Satz aus: Eine natürliche Zahl ist dann und nur dann gerade, wenn ihr Quadrat gerade ist.

Im folgenden sei nun noch auf einige Symbole eingegangen, die in der Folge gebraucht werden. Bei Aufzählungen setzen wir die Liste der Elemente zwischen zwei Klammern. Für die Menge der Vokale schreiben wir zum Beispiel:

$$\{a, e, i, o, u\},$$

für die Menge der natürlichen Zahlen von 1 bis 50 in etwas nachlässiger Weise

$$\{1, 2, 3, \ldots, 50\}.$$

Solche Punkte sind nur erlaubt, wenn unmißverständlich klar ist, was an ihrer Stelle eigentlich stehen müßte. Auch Mengen, die man streng genommen nicht aufzählen kann, werden gelegentlich in dieser Form geschrieben, so die Menge der natürlichen Zahlen:

$$\{1, 2, 3, \ldots\}.$$

Entsprechend soll das Symbol $\{a, b\}$ die Menge bezeichnen, deren Elemente die Objekte a und b sind.

Diese Menge hängt nicht von der Reihenfolge der Elemente ab: $\{a, b\}$ und $\{b, a\}$ bezeichnen daher dieselbe Menge.

Wie wir gesehen haben, können wir Objekte mit einer gemeinsamen Eigenschaft zu einer Menge zusammenfassen. Bezeichnen wir mit x eine Variable, deren Bereich die Menge aller dieser Objekte ist, und mit P(x) den Satz „x hat die Eigenschaft P". Wenn Δ ein spezielles Objekt aus dem Bereich der Variablen x ist, so schreiben wir P(Δ) um auszudrücken „Δ hat die Eigenschaft P". Für die Menge der Objekte mit der Eigenschaft P schreibt man

$$\{x \mid P(x)\}.$$

Wollen wir den speziellen Fall besprechen, daß x zur Menge A gehören soll, so schreiben wir

$$\{x \mid x \in A\}.$$

Man sieht sofort, daß für die Menge der Objekte, die zur Menge A gehören und die die Eigenschaft P besitzen geschrieben werden kann

$\{x \mid x \in A \text{ und } P(x)\}$.

Wenn P_1 und P_2 zwei Eigenschaften bedeuten, so bezeichnet

$\{x \mid P_1(x) \text{ und } P_2(x)\}$

die Menge der Objekte, die gleichzeitig die Eigenschaft P_1 und P_2 besitzen.

1.5. Die Namen für Objekte und Mengen

Will man über Objekte oder über Mengen sprechen, so muß man diesen entsprechende Namen geben. Dies ist bei jeder Mitteilung notwendig. Diese Tatsache führt uns zu zwei wichtigen Prinzipien.

Der Ausdruck „Dieses Frankenstück enthält Aluminium" erscheint uns doch sicher akzeptabel. Er enthält den Namen einer Münze und den einer Substanz. Wie erstaunt wäre man wohl, wenn anstelle des Wortes „Frankenstück" das Frankenstück selbst in einem Loch im Papier eingefügt wäre. Man würde sich sicher fragen, was diese Kombination von Worten und Objekten wohl zu bedeuten habe.

Das Beispiel erhellt das erste nun folgende Prinzip:

Wenn wir über eine Sache schreiben oder sprechen, *enthalten unsere Sätze Namen für diese Sache und nicht die Sache selbst.* Wenn wir uns genau ausdrücken wollen, ist es notwendig, zwischen dem Objekt selbst und dem Namen für dieses Objekt zu unterscheiden. Im allgemeinen bringt das keine Schwierigkeiten, da es ziemlich schwer sein dürfte, die Laute oder die Schriftzeichen auf dem Papier mit den in Frage stehenden physischen Objekten zu verwechseln. Wenn wir letztere jedoch durch ein Symbol darstellen, ergeben sich bald Schwierigkeiten. Wir werden daher die Symbole in Anführungszeichen setzen. Das zweite Prinzip formulieren wir so: *Die Namen sind verschieden von den Objekten und Begriffen, die sie bezeichnen.*

In der Mathematik hält man sich nicht streng an diese Regel. Ihre Mißachtung ist jedoch häufig ein Grund für Mißverständnisse. Einige Beispiele sollen dies erläutern.

Kann man auf einem „Stuhl" sitzen? Nein. Man sitzt auf einem Objekt, das *„Stuhl"* heißt. Ein Stuhl ist ein Objekt, das einen Sitz und vier Beine hat und das man in den meisten Wohnungen vorfindet. Aber *„Stuhl"* ist ein Wort aus fünf Buchstaben. Man findet es in einem Wörterbuch.

Jacques Dupont ist Mitglied eines Sportvereins. Der Name „Jacques Dupont" jedoch erscheint in der Mitgliederliste des Vereins. Niemand käme auf die Idee, dort nach Jacques Dupont persönlich zu suchen. Diese Bemerkungen zeigen, daß man logisch richtig schreiben muß:

Jacques Dupont $\in$ Fußballmannschaft, aber „Jacques Dupont" $\in$ Mitgliederliste der Fußballmannschaft.

Diese Beispiele lassen wenig Beziehung zur Mathematik erkennen. Aber wenden wir uns dem Folgenden zu:

Man könnte fragen, warum „8" der Nenner von „6/8" aber nicht von „3/4" ist, obwohl 6/8 gleich 3/4 ist? Die Antwort ist einfach: „6/8" und „3/4" sind die Objekte, die Nenner besitzen, und diese Symbole sind verschiedene Namen für dieselbe Zahl, was wir durch „6/8 ist gleich 3/4" ausdrücken.

Außer der Verwendung von Anführungszeichen können noch andere Verfahren zur Unterscheidung benützt werden. Man merke sich jedoch als wichtige Grundregel, daß die Symbole $\in$, $\notin$, ... stets zwischen Namen von Objekten oder Mengen zu setzen sind. Wenn wir speziell schreiben „a $\in$ A", so erscheint hier nicht das Objekt a sondern sein Name, ebenso wie der Name für die Menge A.

1.6. Die allgemeine Gleichheitsrelation

Eines der in der Mathematik am häufigsten verwendeten Zeichen ist „=". Wenn ein Objekt zwei Namen „a" und „b" besitzt, so behaupten wir

a ist b   oder   a ist gleich b

und wir schreiben einfach

a = b.

Auf diese Weise bezeichnet „=" die *Relation der Gleichheit* (oder *Identität*) zwischen Objekten. Die entgegengesetzte Relation (die der *Ungleichheit*) wird mit „$\neq$" bezeichnet. Der symbolische Ausdruck

c $\neq$ d

ist der schriftliche Ausdruck für c ist nicht d oder c ist nicht gleich d, was man liest: c ist ungleich d. Es ist nützlich, a = b als Ausdruck dafür zu betrachten, daß a und b zwei Namen für dasselbe Objekt sind, und c $\neq$ d als Ausdruck dafür, daß c und d verschiedene Objekte sind.

Im Abschnitt 1.5 wurde darüber gesprochen, was

6/8 = 3/4

bedeutet. Ebenso kann man schreiben

$5 = 4 + 1$
$x^2 = x \cdot x$
$2x = x + x.$

Hier treten dieselben Fragen auf wie bei 6/8 = 3/4. Wie können wir schreiben „5 = 4 + 1", wo doch die Form von „5" deutlich vom Symbol „4 + 1" verschieden ist? Wir können jedoch anführen, daß „5 = 4 + 1" ja nicht heißt, daß die Namen „5" und „4 + 1" dieselben Objekte sind, wofür man schreiben müßte „5" = „4 + 1". Die Gleichung „5 = 4 + 1" enthält Symbole für gewisse Zahlen und nicht die Namen für diese Symbole. Sie sagt etwas über Zahlen aus und nicht über Namen von Zahlen.

Warum beschäftigt man sich dann plötzlich mit Namen wie zum Beispiel „=", einem in der Mathematik so häufig verwendeten Symbol? Der Grund dafür ist, daß der Mathematiker, der sich mit Objekten und Relationen beschäftigt, nur die Namen dieser Objekte und Relationen anschreiben und damit manipulieren kann. Eine Hauptsorge des Mathematikers ist es, seinen Begriffen solche Namen zu geben, die im Gebrauch am besten geeignet sind.

Unser Dezimalsystem ist zum Beispiel eine der ausgezeichneten Nomenklaturen, die von den Mathematikern ausgewählt wurden. Jeder Schüler kann heutzutage in einigen Sekunden 831 mit 75 multiplizieren. Diese Möglichkeit ist in der Wahl unserer Zahlendarstellung begründet. Die Römer, die diese noch nicht kannten, meinten noch, daß die Multiplikation von DCCCXXXI mit LXXV eine ungeheure Arbeit sei. Für unsere Ahnen müßte es wie ein Wunder erscheinen, zu sehen, wie unser System aus jedem von uns einen Rechenfachmann gemacht hat.

Alles schön und gut, könnte man meinen, aber nochmals: „wozu a = b?" Welch ausgefallene Idee, einer einzigen Sache zwei derartige Namen zu geben. Eine erste Antwort auf diesen Einwand liegt in der Praxis der Abkürzungen. Wenn der Mathematiker im Laufe seiner Arbeit auf zwei Kombinationen von Symbolen stößt, die in ihrer Bedeutung äquivalent sind, so wird er in der Folge natürlich die einfachere davon verwenden. Daher kommt man zu „3 = 2 + 1", „2x = x + x", „$x^2 = x \cdot x$". All das tritt schon bei kleinen, recht einfachen Untersuchungen ein. Nehmen wir ein Beispiel aus der Zahlentheorie. Angenommen, der Mathematiker bezeichnet mit r den Rest einer Division durch 9. Nachdem er darauf gekommen ist, daß dieser Rest r gleich dem Rest s bei der Division der Ziffersumme der Zahl durch 9 ist, führte ihn die Gleichheit r = s dazu, den wohlbekannten Satz über den Rest bei der Division einer Zahl durch 9 zu formulieren.

1.7. Die Gleichheit

Die Untersuchung gewisser auffallender Merkmale des Symbols „=" führt uns dazu, dieses mit dem Begriff der Menge in Beziehung zu setzen. Wir sagen:

Zwei Dinge a und b sind immer dann gleich (a = b), wenn für jede Menge A gilt, daß $a \in A$ dann und nur dann, wenn auch $b \in A$.

Anders ausgedrückt heißt das, a ist gleich b, wenn a zu jeder Menge gehört, von der b Element ist.

1.7. Die Gleichheit

Der Ausdruck „dann und nur dann" ist eine Abkürzung für die äquivalente Aussage „es ist notwendig und hinreichend für ..." oder „ist eine notwendige und hinreichende Bedingung dafür, daß ..."

Vom Standpunkt der Eigenschaften aus, läßt sich das so zusammenfassen: Nehmen wir an, daß a und b zwei Objekte seien. Dann gilt a = b immer dann, wenn für jede Eigenschaft P a diese Eigenschaft dann und nur dann besitzt, wenn b sie besitzt.

Diese Formulierung stammt von dem deutschen Mathematiker *Leibnitz* [1]). Von diesem stammt auch ein in der Mathematik häufig verwendetes Prinzip:

Substitutionsprinzip: Es sei a = b. In jeder Gleichung und in jeder Behauptung, die das Symbol „a" enthält, darf man dieses überall oder nach Belieben teilweise durch das Symbol „b" ersetzen und umgekehrt.

Der Leser hat dieses Prinzip sicher schon oft angewandt. Zur Lösung des Gleichungssystems

$x = 2y$
$4y^2 - 2xy + x + 2y - 8 = 0$

ersetzt man z. B. überall in der zweiten Gleichung „x" durch „2y", was zu einer Gleichung ersten Grades in der Variablen y

$4y - 8 = 0$

und zur Lösung y = 2, x = 4 führt.

Das Zeichen „=" hat noch folgende weitere Eigenschaften.

Eigenschaft I. *Jedes Ding ist sich selbst gleich:* a = a.

Das ist evident. Denn jede Menge, die a enthält, enthält natürlich a.

Eigenschaft II. *Wenn* a = b, *dann gilt auch* b = a.

Da nach Voraussetzung a zu einer Menge dann und nur dann gehört, wenn b zu dieser Menge gehört (Behauptung der Gleichheit a = b), ist es klar, daß b zu dieser Menge dann und nur dann gehört, wenn a zu ihr gehört.

Eigenschaft III. *Wenn* a = b *und* b = c, *so gilt auch* a = c.

Zunächst gilt, wenn a ∈ A so auch b ∈ A. Aus b = c folgt auch c ∈ A. Also folgt aus a ∈ A auch c ∈ A. Umgekehrt, wenn c ∈ A, so gilt b ∈ A und daraus folgt a ∈ A. Also gilt mit c ∈ A auch a ∈ A.

Diese Beziehungen beweisen die Eigenschaft III.

---

[1]) *Leibniz*, deutscher Philosoph, geb. 1646 in Leipzig, gest. 1716 in Hannover

Die Festsetzungen, die wir am Beginn von 1.7 getroffen haben, und die Eigenschaften I, II, III gestatten uns, andere wohlvertraute Eigenschaften anzugeben. So gilt zum Beispiel:

Wenn a = c und b = c, so auch a = b.

Da b = c , folgt aus Eigenschaft II c = b. Mit a = c und Eigenschaft III schließt man dann auf a = b, was zu zeigen war.

Dieses neue Resultat formuliert man oft so: *Wenn zwei Dinge einem dritten gleich sind, so sind sie auch untereinander gleich.*

1.8. Übungen

1. Nach der Definition einer Menge könnte man sagen, daß es sich dabei um eine eindeutige Zusammenfassung von Objekten handle. Man prüfe nach, ob die Menge „die zehn größten, heute in Paris lebenden Menschen" dieser Bedingung genügt. Wie verhält es sich bei „die Buchstaben unseres Alphabetes"?

2. Welche unter den folgenden Beschreibungen sind nach unserer Definition einer Menge so beschaffen, daß sie eine Menge bestimmen? Wo es möglich ist, zähle man die Menge auf.

   a) Alle Monate des Jahres, die 30 Tage haben.
   b) Alle Monate des Jahres, die 29 Tage haben.
   c) Alle ungeraden Zahlen unter 43.
   d) Alle ganzen Zahlen, die vollständige Quadrate und kleiner als 59 sind.
   e) Alle Lebewesen mit vier Füßen.
   f) Alle Bruchzahlen zwischen 0 und 1.

3. A sei die Menge der Menschen, die Physiker waren. Welche der folgenden Aussagen ist wahr?

   a) Wilhelm Kohlrausch $\in$ A;
   b) Leonhard Euler $\in$ A;
   c) Georg Cantor $\in$ A;
   d) L. D. Landau $\in$ A;
   e) Georg Simon Ohm $\in$ A;
   f) Justus Liebig $\in$ A;
   g) Ernst Rutherford $\in$ A;

4. A sei die Menge der positiven Zahlen kleiner als 3/4. Welche der folgenden Behauptungen sind richtig:

   a) $1 \in A$; b) $1/2 \in A$; c) $3/4 \in A$; d) $2/3 \in A$; e) $2 \in A$; f) $1/3 \in A$.

5. V sei die Menge der Vierecke der ebenen Geometrie. Man drücke für die folgenden Figuren symbolisch die Relation der Zugehörigkeit zu V aus:

   a) ein Quadrat q; b) ein Dreieck d; c) ein Trapez tr; d) ein Sechseck s; e) ein Parallelogramm p; f) eine Raute ra; g) ein Rechteck r; h) ein Fünfeck f; i) ein Zehneck z.

1.8. Übungen

6. Worin besteht der Unterschied zwischen einem Apfel und der Menge, die von diesem einen Apfel gebildet wird.

7. Man gebe ein Beispiel für Mengen, deren Elemente wieder Mengen sind.

8. V sei die Menge der ebenen Vierecke. Welche der folgenden Sätze drücken eine Eigenschaft der Menge V aus und welche eine Eigenschaft der Elemente dieser Menge?
   a) Es gibt unendlich viele Vierecke.
   b) Jedes Viereck hat vier Seiten.
   c) Alle Quadrate sind Vierecke.
   d) Ein Viereck ist ein Polygon.
   e) Die Menge V ist in der Menge der Polygone enthalten.

9. Welche der folgenden Behauptungen sind richtig, welche falsch:
   a) Für alle positiven Zahlen x ist $x + 2 = 5$.
   b) Es gibt eine positive Zahl x, so daß $x + 2 = 5$.
   c) Es gibt nur eine positive ganze Zahl x, für die $x + 2 = 5$.
   d) Für jede ganze Zahl x gilt $x^2 = 4$.
   e) Es gibt eine ganze Zahl x, so daß $x^2 = 4$.

10. x sei eine natürliche Zahl, deren Quadrat kleiner als 30 ist. Man gebe den Variablenbereich an.

11. Der Bereich der Variablen x und y sei die Menge der natürlichen Zahlen. Man schreibe für jeden der folgenden Fälle zwei Gleichungen an, die sich durch Einsetzen von Zahlen für jede der Variablen ergeben.
   a) $x + y = y + x$; b) $\dfrac{xy}{x} = y$; c) $(xy)^2 = x^2 y^2$;
   d) $x^2 - y^2 = (x + y)(x - y)$; e) $(x + y)^2 \neq x^2 + y^2$;
   f) $\sqrt{x^2 + y^2} \neq x + y$.

12. Der Bereich der Variablen sei die Menge der natürlichen Zahlen. In jedem der folgenden Fälle gebe man zwei Sätze an, indem man x durch eine Zahl aus diesem Zahlbereich ersetzt. Man erkläre in jedem Fall, ob die resultierenden Sätze richtig oder falsch sind.
   a) $x - 1 = 0$; b) $2x = 4$; c) $(x - 3)(x + 2) = 0$;
   d) $2(x + 1) = 2x + 2$; e) $x - 1 = 1 - x$.

13. Für die Beispiele der Übung 11 suche man, wenn möglich, einen Wert für x, so daß alle Gleichungen falsch sind.

14. Die Mengen, die in den untenstehenden Beispielen aufgezählt sind, haben jeweils einige Eigenschaften gemeinsam. Man bestimme alle ersichtlichen gemeinsamen Eigenschaften und gebe für jede davon eine weitere Menge mit dieser Eigenschaft durch Aufzählung oder Beschreibung an.
   a) $\{1, 2, 3\}$, $\{a, b, c\}$, $\{x, +, \rightarrow\}$, $\{8, \nu, \rightarrow\}$;
   b) $\{1, 2, 3\}$, $\{4, 5, 6\}$, $\{18, 19, 20\}$;
   c) $\{1, 2, 3\}$, $\{4, 5, 9\}$, $\{18, 19, 37\}$, $\{6, 7, 13\}$;
   d) $\{1, 2, 3, 4\}$, $\{5, 6, 10, 11\}$, $\{8, 9, 100, 101\}$.

15. Welche der folgenden Mengen lassen sich aufzählen:

a) Die Menge aller geraden Zahlen.
b) Die Menge der Punkte einer Geraden.
c) Die Menge aller chemischen Elemente.
d) Die Menge aller Lebewesen.
e) Die Menge aller Schnittpunkte gegebener Kurven
f) Die Menge aller Sätze, die in der Mathematik bewiesen werden können.

16. Man gebe unter Benutzung der Definition der Ausdrücke „ungerade Zahl", „Primzahl", usw. eine neue Beschreibung der folgenden Mengen:

a) Die Menge aller ungeraden Zahlen.
b) Die Menge aller Primzahlen.
c) Die Menge aller rationalen Zahlen.
d) Die Menge aller gleichschenkligen Dreiecke.
e) Die Menge aller Parallelogramme.

17. Man beschreibe die folgenden Mengen unter Benutzung einer passenden Eigenschaft:

a) $\{0, 1, 2, 3, 4, 5, 6, 7, 8, 9\}$;
b) $\{1, 4, 9, 16, 25\}$;
c) $\{10, 12, 14, 16\}$;
d) $\{2, 3, 5, 7, 11, 13, 17, 19, 23\}$;
e) $\{-1, +1\}$.

18. Wo es möglich ist, soll eine Eigenschaft zur Beschreibung der folgenden Mengen angegeben werden:

a) $\{1, 3, 5, 7\}$;
b) $\{2, 4, 6, 8, 10, \ldots\}$;
c) $\{1, 4, 9, 16, 25\}$.

2. Weiteres über Mengen

2.1. Untermengen und Obermengen. Die Inklusion

Wir haben bereits in 1.4 gesehen, wie man, ausgehend von den Elementen eine Menge konstruieren kann. Wir stellen uns nun folgende Frage: Kann man von einer gegebenen Anfangsmenge ausgehend neue Mengen konstruieren? Die Untersuchung dieser Frage wird uns zu gewissen fundamentalen Relationen zwischen Mengen führen, zu Relationen, die in unserer gesamten folgenden Arbeit von Bedeutung sind.

Die erste Methode ist sehr einfach: Wir wählen aus der Menge A eine Anzahl gewisser Elemente aus und fassen sie zusammen. Damit haben wir schon eine neue Menge B. Eine solche Menge B, bei der alle Elemente auch Elemente von A sind, heißt *Untermenge* (oder *Teilmenge*) von A.

Zum Beispiel bilden die Buchstaben, die man zum Schreiben des Wortes „algebra" benötigt, eine Untermenge der Menge, die wir deutsches Alphabet genannt haben. Diese Untermenge ist $\{a, b, e, g, l, r\}$. Dabei ist zu beachten, daß bei dieser Aufzählung kein Element wiederholt wird und daß diese Teilmenge auf verschiedene Weise aufgezählt werden kann: $\{b, a, l, r, g, e\}$, $\{a, e, b, l, g, r\}$ usw.

Wir zeichnen uns auf der Tafel einen Kreis und legen eine Gerade durch dessen Mittelpunkt. Die Kreisscheibe schraffieren wir (Bild 1). Die Menge der Punkte des Bildes 1 hat als Untermengen die Gerade und die schraffierte Kreisscheibe. Der Durchmesser AB ist eine Untermenge der schraffierten Kreisscheibe usw.

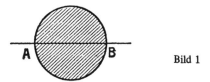

Bild 1

Für die Menge D der Dreiecke ist die Menge G der gleichschenkligen Dreiecke eine Untermenge von D. Die Menge E aller gleichseitigen Dreiecke ist eine Untermenge von G.

Betrachten wir nun die Menge $\{1, 2, 3\}$, die aus den drei ersten natürlichen Zahlen gebildet wird. Einige ihrer Untermengen sind:

$\{1\}, \{2\}, \{3\}$ mit einem Element
$\{1,2\}, \{1,3\}, \{2,3\}$ mit zwei Elementen
$\{1, 2, 3\}$ mit drei Elementen

Die letzte Untermenge ist die betrachtete Menge selbst. Sie ist Untermenge von sich selbst. Man erinnere sich an die Wahl der Objekte als Elemente einer Anfangsmenge.

Dies erlaubt uns, eine Untermenge einer gegebenen Menge A symbolisch anzuschreiben. Mit x werde eine Variable bezeichnet, deren Bereich die gesamte Menge A umfaßt (was wir als *Obermenge* von A bezeichnen). P sei ein Satz, der x enthält; eine Untermenge von A kann dann durch

$$\{x \mid x \in A \text{ und } P\}$$

bezeichnet werden, und zwar gilt das für beliebige Sätze P, denn $x \in A$ zwingt uns, zuerst ein Objekt aus A zu wählen und dann zu prüfen, ob P gilt oder nicht.

Nehmen wir zum Beispiel für A die Menge der ganzen Zahlen und für P den Satz „x ist durch 2 teilbar". Die Menge $\{x \mid x \in A \text{ und } P\}$ ist die Menge der ganzen Zahlen, die durch zwei teilbar sind. Um festzustellen, ob eine Zahl x zu dieser Menge gehört, genügt es, wenn man zuerst überprüft, ob x eine ganze Zahl ist, und dann, ob x durch 2 teilbar ist. 15 gehört also nicht zu dieser Menge, während -20 dazugehört, da $-20 = -10 \cdot 2$.

Welche Relation besteht zwischen den Mengen A und B, wenn B eine Untermenge von A ist? Wir nennen diese Relation *Inklusion* oder *Teilmengenrelation* und bezeichnen sie mit dem Symbol „$\subseteq$". „$B \subseteq A$" heißt also, daß B in A *eingeschlossen* ist, daß B in A *enthalten* ist oder, noch anders ausgedrückt, daß B eine *Untermenge* von A ist. Formal können wir diese Relation durch die Relation der Zugehörigkeit ausdrücken. Wir setzen fest:

A und B seien Mengen. Wir sagen $B \subseteq A$ dann und nur dann, wenn aus $b \in B$ stets folgt $b \in A$.

Anders ausgedrückt heißt das, daß jedes Element von B auch Element von A ist. So schreiben wir zum Beispiel:

$$\{a, b, e, g, l, r\} \subseteq \{a, b, c, d, \ldots, x, y, z\}.$$

Es ist ebenso klar, daß

$$\{3\} \subseteq \{1, 2, 3, 4\}; \quad \{3, 4\} \subseteq \{1, 2, 3, 4\}; \quad \{1, 2\} \subseteq \{1, 2, 3, 4\}.$$

Statt $B \subseteq A$ schreiben wir auch $A \supseteq B$ (A ist Obermenge von B). Wir geben noch zwei evidente Eigenschaften der Relation $\subseteq$ an:

Eigenschaft I. Für jede Menge A gilt

$$A \subseteq A$$

Das heißt, jede Menge A ist in sich selbst enthalten.

Eigenschaft II. A, B und C seien drei Mengen. Wenn $A \subseteq B$ und $B \subseteq C$, dann ist auch $A \subseteq C$.

Wenn also A in B und B in C enthalten ist, dann ist A auch in C enthalten.

Nach dem ersten Teil der Annahme folgt aus a ∈ A a ∈ B, nach dem zweiten Teil ist mit a ∈ B auch a ∈ C. Aus a ∈ A folgt also a ∈ C. Damit gilt A ⊆ C.

Da die obige Definition ∈ mit ⊆ verknüpft, ist es wichtig, den Unterschied zwischen diesen beiden Relationen hervorzuheben. ∈ steht nach 1.1 stets zwischen dem Namen eines Objektes und dem einer Menge, während ⊆ naturgemäß nur zwischen zwei Namen für Mengen stehen kann. Darüber hinaus darf man aus a ∈ A und A ∈ A*, wo A* die Familie der Teilmengen einer Menge A_1 bedeuten soll, nicht auf a ∈ A* schließen. a ist ein Objekt. Ein Element von A* muß aber eine Menge sein.

2.2. Betrachtungen über die Gleichheit und die Inklusion

Die zweite fundamentale Relation zwischen Mengen ist die der *Identität* oder *Gleichheit*. Wie in 1.7, wo wir die Bedeutung der Relation a = b eingeführt haben, können wir nun auch der Relation A = B einen Sinn geben. Sie soll ausdrücken, daß die beiden Mengen gleich sind. Wenn wir in Betracht ziehen, daß sowohl A als auch B aus Elementen gebildet sind, liegt es nahe, das Zeichen = mit Hilfe von ∈ zu interpretieren. A soll gleich B sein, wenn jedes Element von A auch Element von B und jedes Element von B auch Element von A ist. Ebenso wie wir in diesem Kapitel bereits ∈ verwendet haben, um die Verwendung von ⊆ zu rechtfertigen, könnten wir in analoger Weise auch hier festsetzen, daß A = B dann und nur dann gelten soll, wenn A ⊆ B und B ⊆ A.

Ein einfaches Beispiel soll dies erläutern. Mit R_1 werde die Menge der rechtwinkligen Dreiecke bezeichnet, R_2 sei die Menge der Dreiecke, bei denen der Mittelpunkt des Umkreises auf der Mitte einer Seite liegt. Nach den Beweisen für $R_1 \subseteq R_2$ und $R_2 \subseteq R_1$ schließen wir auf $R_1 = R_2$, was zu dem folgenden geometrischen Satz führt: Damit ein Dreieck rechtwinklig ist, ist notwendig und hinreichend, daß es einem Halbkreis eingeschrieben ist.

Überträgt man die Eigenschaften des Zeichens = (vgl. 1.7) auf die Relation zwischen Mengen, so nehmen sie folgende Form an:

Satz: A, B, C *seien Mengen.*

1. A = A
2. *Aus* A = B *folgt* B = A.
3. *Wenn* A = B *und* B = C, *so* A = C.

Unter Zuhilfenahme der obigen Definition des Zeichens =, kann man diese Eigenschaft unmittelbar beweisen.

Zum Beweis von Satz 1 verwenden wir A ⊆ A gemäß Eigenschaft I in 2.1. Aus A ⊆ A und A ⊆ A folgt A = A.

Zum Beweis von Satz 2 gehen wir davon aus, daß A = B mit A ⊆ B und B ⊆ A gleichbedeutend ist. Kehren wir die Reihenfolge um, so gilt B ⊆ A und A ⊆ B, also B = A.

Für 3. Satz schließlich sei A = B und B = C, also A ⊆ B, B ⊆ A, B ⊆ C und C ⊆ B. Aus A ⊆ B und B ⊆ C folgt A ⊆ C. Ebenso folgt aus C ⊆ B und B ⊆ A die Tatsache C ⊆ A und damit A = C.

Wir haben nun die Möglichkeit festzustellen, ob sich hinter den beiden Namen A und B dieselbe Menge verbirgt. Was die Mengen betrifft, so überprüfen wir, ob A ⊆ B und B ⊆ A gilt. Was die Elemente betrifft, so fragen wir, ob a ∈ A genau dann gilt, wenn a ∈ B, was eine abgekürzte Form der folgenden Frage ist: „Es sei a ein beliebiges Element von A, folgt daraus a ∈ B? b sei ein beliebiges Element von B, folgt daraus b ∈ A?"

Die Einzelheiten des Verfahrens werden wir an Beispielen erläutern. Zu beachten ist dabei: Es genügt, zum Nachweis der Gleichheit A = B also um von a ∈ A auf a ∈ B zu schließen und umgekehrt, wenn man sich auf die Eigenschaften von a beschränkt, die allen Elementen von A gemeinsam sind. Würde man auch auf individuelle Eigenschaften achten, so wäre in den meisten Fällen die Formel nicht richtig.

Wir erinnern zuerst an die Identität der Menge E_1 der gleichseitigen Dreiecke und der Menge E_2 der Dreiecke mit gleichgroßen Winkeln. Man hat zu beweisen, daß $E_1 \subseteq E_2$ und $E_2 \subseteq E_1$, was geometrisch leicht durchführbar ist.

Ein weiteres Beispiel: P sei die Menge der geraden natürlichen Zahlen, S die Menge der natürlichen Zahlen, die die Summe von zwei ungeraden natürlichen Zahlen sind. Überprüfen wir, ob P = S.

p sei eine Variable mit dem Bereich P. p sei also eine gerade natürliche Zahl. Wir zeigen, daß p ∈ S. Es gibt also eine natürliche Zahl n mit p = 2n. Wir schreiben diese Beziehung in der Form p = (2n − 1) + 1. p ist daher die Summe der beiden ungeraden natürlichen Zahlen 2n − 1 und 1. Also gilt p ∈ S und damit P ⊆ S.

Umgekehrt sei s eine Variable mit dem Bereich S. Wir zeigen, daß aus s ∈ S folgt s ∈ P. Für jede Summe s aus zwei ungeraden natürlichen Zahlen gibt es natürliche Zahlen m und n, so daß s die Summe aus 2m + 1 und 2n + 1 ist. Es ist daher s = (2n + 1) + (2m + 1) = 2(m + n + 1). m + n + 1 ist eine natürliche Zahl und 2(m + n + 1) ist sicher gerade. Also ist s ∈ P, woraus folgt S ⊆ P und damit auch S = P.

Wir betrachten die allgemeine Aussage: *Eine natürliche Zahl ist dann und nur dann gerade, wenn ihr Quadrat gerade ist.* Kann das richtig sein? Nimmt man irgendeine gerade Zahl und quadriert sie, so ist das Ergebnis gerade. Umgekehrt ist die Quadratwurzel irgendeines geraden vollständigen Quadrates gerade.

Geht man konsequent vor, so wird jede gewählte Zahl eine neue Einsicht liefern. Aber die Tatsache allein, daß die Suche nach einer geraden Zahl, deren Quadrat ungerade ist, nie von Erfolg begleitet ist, ist noch kein ausreichender Beweis für die obige Behauptung. Wir werden nun einen Beweis führen, der zeigt, wie zweckmäßig der Mengenbegriff ist und uns zugleich eine gewisse Erfahrung mit der neuen Form des mathematischen Beweises vermittelt:

P sei die Menge der geraden natürlichen Zahlen. C sei die Menge der natürlichen Zahlen, deren Quadrate gerade sind. Wir werden zeigen, daß a ∈ P genau dann gilt, wenn a ∈ C, woraus dann P = C folgt. Der Beweis besteht aus zwei Teilen, man muß zeigen, daß P ⊆ C und daß C ⊆ P. Daraus folgt dann die Identität von P und C.

Wir beweisen zuerst P ⊆ C. p sei eine Variable, deren Bereich die Menge der geraden natürlichen Zahlen ist. Es existiert also eine natürliche Zahl n mit p = 2n. Durch Quadrieren folgt

$$p^2 = (2n)^2 = 4\,n^2 = 2 \cdot 2\,n^2$$

Das Ergebnis ist somit das Produkt der natürlichen Zahl $2n^2$ mit 2. p^2 ist somit gerade und es gilt p ∈ C. Also ist P ⊆ C bewiesen.

Um zu beweisen, daß C ⊆ P, benutzen wir c, eine Variable mit dem Bereich C. Wir müssen zeigen, daß c ∈ P. Wegen c ∈ C, ist c^2 eine gerade Zahl, was nach sich zieht, daß c selbst gerade ist, daß also c ∈ P. Es folgt P ⊆ C. Mit C ⊆ P gilt also C = P.

2.3. Der Gebrauch gewisser Mengen

Der Satz zu Beginn von 2.2 erlaubt uns, den folgenden Satz abzuleiten, der etwas überraschend klingen mag:

Eine natürliche Zahl hat dann und nur dann ein gerades Quadrat, wenn sie die Summe zweier ungerader natürlicher Zahlen ist.

C sei die Menge der natürlichen Zahlen, deren Quadrate gerade sind. S sei die Menge der natürlichen Zahlen, die Summe zweier ungerader natürlicher Zahlen sind. Wir wollen die Identität C = S herleiten. Mit P als Menge der geraden natürlichen Zahlen haben wir P = C. Wir wissen bereits, daß P = S. Nach Punkt 2 des erwähnten Satzes gilt C = P. Aus C = P und P = S folgt C = S, was wir zeigen wollten.

Der Punkt 3 desselben Satzes gestattet uns also festzustellen, ob mit drei verschiedenen Namen dieselbe einzige Menge gemeint ist. Wir kennen bereits ein Kriterium, das uns zeigt, ob zwei Namen dieselbe Menge bezeichnen: Wir wenden zwei Inklusionsrelationen an. Bei drei Namen erfordert dasselbe Verfahren die vier Inklusionen: A ⊆ B, B ⊆ A, B ⊆ C und C ⊆ B. Es gibt jedoch auch ein kürzeres Verfahren, bei dem nur drei Inklusionen benötigt werden. Dieses Verfahren beruht auf dem folgenden Satz.

Satz: *A, B, C seien drei Mengen. Wenn* A ⊆ B, B ⊆ C *und* C ⊆ A, *so gilt* A = B, A = C *und* B = C.

Der Satz erscheint auf den ersten Blick plausibel. Zu seinem Beweis genügt auch eine einfache Überlegung, die davon ausgeht, daß aus A ⊆ B und B ⊆ C A ⊆ C folgt, und daß A ⊆ B und B ⊆ A notwendig und hinreichend für A = B ist. Aus A ⊆ B, B ⊆ C und C ⊆ A folgt nach Voraussetzung A ⊆ C, B ⊆ A und C ⊆ B. Kombiniert man diese Ergebnisse paarweise, so folgt A = B, B = C und A = C. Der Satz gestattet daher, in einem Schritt zu beweisen, daß die Mengen P, S und C identisch sind.

In einem früheren Beispiel wurde schon P ⊆ S hergeleitet. Weiter ist S ⊆ C. Ist s eine Variable mit dem Bereich S, so gibt es zwei natürliche Zahlen m und n, daß s die Summe der beiden ungeraden Zahlen 2m + 1 und 2n + 1ist. Also ist s = (2m + 1) + (2n + 1) = 2(m + n + 1) und $s^2 = 2[2(m + n + 1)^2]$, woraus s ∈ C folgt, also S ⊆ C. C ⊆ P wurde bereits früher hergeleitet.

Es gilt also P ⊆ S, S ⊆ C und C ⊆ P. Daraus dürfen wir schließen, daß P = S, oder: Eine natürliche Zahl ist dann und nur dann gerade, wenn sie die Summe zweier ungerader natürlicher Zahlen ist. Ebenso P = C, oder: Eine natürliche Zahl ist dann und nur dann gerade, wenn ihr Quadrat gerade ist. Schließlich noch C = S, oder: Eine natürliche Zahl hat dann und nur dann ein gerades Quadrat, wenn sie Summe von zwei ungeraden natürlichen Zahlen ist.

Man beachte, wie der neue Satz unseren Beweis verkürzt hat.

2.4. Die leere Menge und die Einermenge

Wir betrachten eine Menge, die wenigstens drei Elemente hat. Wenn wir aus ihr ein Element entfernen, bleibt der Rest weiterhin eine Menge. Wir können solange fortfahren, bis von der Ausgangsmenge nur noch zwei Elemente übrig sind. Auch das ist noch eine Menge. Wenn wir jedoch noch weiter ein Element wegnehmen, bleibt nur noch ein einziges Element übrig und schließlich verschwindet auch dieses. Haben wir auch dann noch eine Menge vor uns? Hier können wir ganz nach unserem Gutdünken verfahren. Wir werden jetzt einige Vereinbarungen treffen, die sich als nützlich erweisen werden.

Wenn kein Element mehr übrig ist, so betrachten wir auch dieses Inhaltslose als eine Menge und sagen dann, daß es sich um die *leere Menge* handle, die wir mit dem Symbol ϕ bezeichnen. Das ist jene Menge, zu der es kein a gibt mit a ∈ ϕ.

Wenn wir beliebige Mengen betrachten, so sagen wir, eine Menge ist nicht leer, wenn sie mindestens ein Element enthält.

Warum ist der Begriff der leeren Menge vorteilhaft? Einer der Gründe dafür (den der Leser erst später einsehen wird) ist, daß die leere Menge eine ähnliche Rolle spielt wie die Null bei den Zahlen. Ein anderer Vorteil ist, daß auch die Ausdrücke

$\{x | x \neq x\}$ und $\{x | x \in A$ und $x \notin A\}$

zur Mengenbildung brauchbar sind, obwohl sie sonst keine Menge darstellen. Ebenso definiert

$\{x | P\}$

wobei P ein Satz ist, der die Variable x enthält, immer eine Menge, auch wenn P auf kein Objekt x zutrifft, wie im Falle des Satzes „x ≠ x" und des Satzes „x ∈ A und x ∉ A".

Wir geben weitere Beispiele an: Die Menge der Zahlen, die sowohl gerade als auch ungerade sind, ist leer. Die Punktmenge zweier Kreisscheiben A und B ist leer, wenn die beiden Kreise A und B, die in einer Ebene liegen, sich nicht schneiden oder berühren.

2.4. Die leere Menge und die Einermenge

Die Menge ϕ hat eine wichtige Eigenschaft:

ϕ ist Untermenge von jeder Menge A, was wir symbolisch durch $\phi \subseteq A$ ausdrücken und was im Einklang damit steht, daß der Ausdruck

$$\{x | x \in A \text{ und } x \neq x \}$$

eine Untermenge von A bezeichnet.

Neben der leeren Menge gibt es auch solche Mengen, die nur ein einziges Element besitzen. Wir treffen die folgende Vereinbarung:

Die Menge A sei eine *Einermenge* dann und nur dann, wenn es ein Objekt a gibt mit $a \in A$ und wenn aus $b \in A$ folgt $a = b$.

Diese Menge A enthält also genau ein Element a. Zählen wir die Menge auf, so schreiben wir $A = \{a\}$. Eine derartige Menge hat die folgenden beiden Eigenschaften:

$$\phi \subseteq \{a\}; \quad \{a\} = \{b\}$$

dann und nur dann, wenn $a = b$.

Ebenso sagen wir, eine Menge A sei eine *Zweiermenge* dann und nur dann, wenn es zwei Objekte a und b gibt mit $a \in A$ und $b \in A$ und $a \neq b$ und wenn aus $c \in A$ folgt $c = a$ oder $c = b$.

Eine Menge ist also eine Zweiermenge, wenn sie zwei verschiedene Elemente und nur diese enthält. Man schreibt dann $A = \{a, b\}$. Auch diese Menge hat die folgenden evidenten Eigenschaften

$$\phi \subseteq \{a, b\}; \quad \{a\} \subseteq \{a, b\}; \quad \{b\} \subseteq \{a, b\};$$
$$\{a, b\} \subseteq \{a, b\}; \quad \{a, b\} = \{a, b\}.$$

Eine Menge heißt *Dreiermenge* dann und nur dann, wenn es drei Objekte a, b, c gibt mit $a \in A$, $b \in A$, $c \in A$ und $a \neq b$, $a \neq c$ und $b \neq c$ und wenn aus $d \in A$ folgt $d = a$ oder $d = b$ oder $d = c$.

Eine Menge ist also eine Dreiermenge, wenn sie drei verschiedene Elemente und nur diese enthält. Eine solche Menge bezeichnet man mit $\{a, b, c\}$. Sie hat die ebenfalls evidenten Eigenschaften:

$$\phi \subseteq \{a, b, c\}; \quad \{a\} \subseteq \{a, b, c\}; \quad \{b\} \subseteq \{a, b, c\};$$
$$\{c\} \subseteq \{a, b, c\}; \quad \{a, b\} \subseteq \{a, b, c\}; \quad \{a, c\} \subseteq \{a, b, c\};$$
$$\{b, c\} \subseteq \{a, b, c\}; \quad \{a, b, c\} \subseteq \{a, b, c\};$$
$$\{a, b, c\} = \{a, b, c\}; \quad \{a, b, c\} = \{b, c, a\} \ldots$$

Man sieht, wie die vorangehenden Vereinbarungen fortzusetzen sind, wenn die Anzahl der Elemente auf vier, fünf, sechs usw. steigt. Wir können uns daher darauf beschränken zu sagen:

Eine Menge A ist *endlich* dann und nur dann, wenn es eine natürliche Zahl n und untereinander verschiedene Objekte $a_1, a_2, \ldots, a_n$ mit $a_1 \in A, a_2 \in A, \ldots a_n \in A$ gibt und wenn aus $b \in A$ folgt $b = a_1$ oder $b = a_2 \ldots$ oder $b = a_n$.

Eine Menge, deren Elemente gerade die Objekte $a_1, a_2, \ldots, a_n$ sind, bezeichnet man durch $\{a_1, a_2, \ldots, a_n\}$. Eine große Anzahl evidenter Eigenschaften ließe sich wie oben auch für diese Menge anschreiben.

Wenn eine Menge weder leer noch endlich ist, so heißt sie *unendlich.*

Das Sternbild der Zwillinge liefert ein Beispiel für eine Zweiermenge. Ihre Elemente sind die Sterne Castor und Pollux. Die Reste, die bei der Division durch 3 möglich sind, bilden eine Dreiermenge, nämlich $\{0, 1, 2\}$. Die Menge der natürlichen Zahlen von 1 bis 100 ist eine endliche Menge; das gleiche gilt für die Töne eines Klaviers. Die Menge der Töne einer Violine ist im Gegensatz dazu unendlich, ebenso wie die Menge der Farben im Sonnenspektrum.

Eine Menge A hat gewöhnlich mehrere Untermengen. Wir haben bereits gesehen, daß die leere Menge Untermenge von jeder Menge ist. Wenn wir andererseits annehmen, daß A nicht leer ist, wenn es also Objekte $a, b, c, \ldots$ gibt mit $a \in A, b \in A, c \in A, \ldots$ so gilt $\{a\} \subseteq A, \{a, b\} \subseteq A, \{a, b, c\} \subseteq A$ und so weiter, solange es die Zugehörigkeit zu A gestattet.

Die Menge 1, 2, 3, 4 hat die Untermengen

ϕ; $\{1\}$; $\{2\}$; $\{3\}$; $\{4\}$; $\{1, 2\}$; $\{1,3\}$;
$\{1, 4\}$; $\{2,3\}$; $\{2,4\}$; $\{3,4\}$; $\{1, 2, 3\}$;
$\{1, 2, 4\}$; $\{1, 3, 4\}$; $\{2, 3, 4\}$; $\{1,2,3,4\}$.

Zu den Untermengen gehören also die leere Menge, vier Einermengen, sechs Zweiermengen, vier Dreiermengen, eine Vierermenge. Die Gesamtheit der Untermengen ist sechzehn, also 2^4, wobei der Exponent der Anzahl der Elemente der betrachteten Menge, nämlich vier, entspricht.

Die Menge der Untermengen einer Menge A ist eine *neue* Menge. Wir wollen von jetzt ab sagen:

Die Menge der Untermengen von A ist die *Familie der Untermengen* von A oder die *Potenzmenge* von A.

Wenn X eine Variable bezeichnet, deren Bereich die Klasse aller Mengen ist, so kann man für diese Familie von Untermengen schreiben

$A^* = \{X | X \subseteq A\}$

Man beachte, daß die Elemente dieser Menge selbst Mengen sind. Diese Bemerkung, verbunden mit früheren Erwähnungen, gestattet uns, einige evidente Eigenschaften in knapper Form niederzuschreiben:

2.5. Disjunkte Mengen. Strikte Inklusion

$\phi \in A^*, A \in A^*,$

$\{a\} \in A^*$ dann und nur dann, wenn $a \in A$,
$\{a, b\} \in A^*$ dann und nur dann, wenn $a \in A, b \in A$,
$B \in A^*$ dann und nur dann, wenn $B \subseteq A$,
$B^* \subseteq A^*$ dann und nur dann, wenn $B \subseteq A$,
$B^* = A^*$ dann und nur dann, wenn $B = A$.

Wenn die Menge $A = \{a\}$ eine Einermenge ist, so setzt sich A^* aus ϕ und $\{a\}$ zusammen, besitzt also 2^1 Elemente. Ebenso gehört zur Menge

$$A = \{a, b\}$$

eine Menge A^* mit den vier Elementen: $\phi, \{a\}, \{b\}, \{a, b\}$. Für eine Dreiermenge $\{a, b, c\}$ besitzt A^* $2^3 = 8$ Elemente. Für eine Menge von n Elementen hat A^* 2^n Elemente.

Bei der Menge $\{1, 3, 5, 7, 9\}$ haben wir also $2^5 = 32$ Elemente in A^*. Betrachten wir $\{1/3, 5/9\}$. A^* hat die vier Elemente $\phi, \{1/3\}, \{5/9\}, \{1/3, 5/9\}$. Auf der Tafelebene werde ein Rechteck abgegrenzt, in dessen Innerem wir uns einen Kreis, ein Dreieck und ein Geradenstück gezeichnet denken. Die drei Figuren sollen keinen Punkt gemeinsam haben(Bild 2). Wenn wir die Punkte des Rechtecks R als Menge auffassen, die Punkte des Kreises K, des Dreiecks D und des Geradenstücks $\overline{AB}$ als Untermengen von R, so sehen wir, daß R^* die Punktmengen K, D, $\overline{AB}$, sowie die Menge der Punkte E, die nicht auf K, D oder $\overline{AB}$ liegen, enthält. Enthält R^* noch andere Elemente?

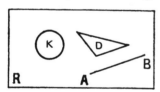

Bild 2

2.5. Disjunkte Mengen. Strikte Inklusion

Wir untersuchen nun die Familie der Untermengen einer nicht leeren Menge U näher. Es wurde bereits festgestellt, daß zwischen zwei solchen Untermengen Relationen vorhanden sein können, etwa die Inklusionsrelation $\subseteq$ oder die Gleichheitsrelation =. Es können jedoch noch eine Reihe anderer Beziehungen bestehen. Einige davon wollen wir nun anführen. Es ist zu beachten, daß alle diese Untersuchungen in etwa derselben Weise beginnen: U sei eine Menge, die wir Universalmenge nennen. Von einer im Folgenden auftretenden Variablen wird stillschweigend angenommen, daß sie entweder ein in U enthaltenes Objekt oder eine in U enthaltene Untermenge bezeichne. In einer Untersuchung über die ganzen Zahlen zum Beispiel sei U die Gesamtheit dieser Zahlen. Handelt es sich um eine geometrische Untersuchung, so kann für U etwa die Menge der Punkte einer Geraden oder die Menge der Punkte einer Ebene genommen werden.

Zwei Untermengen von U können vollständig getrennt sein, die eine kann vollständig in der anderen enthalten sein, oder es gehören nur gewisse Elemente der einen Menge auch zur anderen und umgekehrt.

Wir treffen einige Vereinbarungen:

Die beiden Untermengen von U sollen mit A und B bezeichnet werden.

Wir sagen, daß A und B *disjunkt* sind dann und nur dann, wenn für kein Objekt $a \in A$ auch gilt $a \in B$. Zwei Untermengen sind also dann disjunkt, wenn sie kein Element gemeinsam haben, d. h. wenn die Menge ihrer gemeinsamen Elemente leer ist.

Wir sagen, A sei *echt in B enthalten* dann und nur dann, wenn

$A \subseteq B$ und $A \neq B$

d. h. also, wenn jedes Element von A auch zu B gehört und wenn es mindestens ein Element in B gibt, das nicht zu A gehört. In diesem Fall sagt man auch, A sei eine *echte Untermenge* von B, oder die Inklusion von A in B sei *strikt*.

Schließlich sagt man, A *überdeckt* B *teilweise* dann und nur dann, wenn A und B weder disjunkt sind noch A echt in B enthalten oder B echt in A enthalten ist. Mit anderen Worten heißt das: Zwei Untermengen von U überdecken sich teilweise, wenn sie wenigstens ein Element gemeinsam haben und wenn jede von ihnen mindestens ein Element besitzt, das nicht in der anderen Menge enthalten ist.

Unsere Terminologie wird durch das folgende Beispiel erläutert: U (Bild 3) sei die Menge der Punkte eines Rechteckes. A und B seien außerhalb voneinander liegende Kreise. C sei ein Oval, das A enthält und das B schneidet. Wir bezeichnen die entsprechenden Untermengen von U ebenfalls mit A, B und C. Offensichtlich sind dies *echte Untermengen* von U. A und B sind *disjunkt*, C *überdeckt* B *teilweise*.

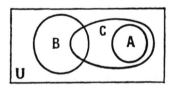

Bild 3

Die speziellen Relationen, die wir eben betrachtet haben, haben mit der Inklusion einige einfachen Eigenschaften gemeinsam.

Satz I: A und B seien Untermengen von U.

1. A und B sind dann und nur dann disjunkt, wenn B und A disjunkt sind.
2. A überdeckt B teilweise dann und nur dann, wenn B teilweise A überdeckt.
3. Wenn A eine echte Untermenge von B und B eine echte Untermenge von C ist, so ist A auch eine echte Untermenge von C.

Wir können noch einen anderen Satz anführen:

Satz II: A und B seien zwei nicht leere Untermengen von U. Dann ist nur einer der fünf folgenden Fälle möglich: A = B; A ist echte Untermenge von B; A und B sind disjunkt; B ist echte Untermenge von A; A überdeckt B teilweise.

Dieser Satz drückt aus, daß sich die Relationen „sind disjunkt", „ist echte Untermenge von" und „überdecken sich teilweise" gegenseitig ausschließen und daß ihre Gesamtheit die möglichen Fälle erschöpft. Da die Relation „ist echte Untermenge" sehr häufig ist, benutzt man zu ihrer Darstellung das eigene Symbol ⊂.

Das folgende Beispiel soll den Satz I veranschaulichen: N sei die Menge der natürlichen Zahlen, G die Menge der geraden natürlichen Zahlen, U die Menge der ungeraden natürlichen Zahlen, E die Menge der natürlichen Zahlen, die durch drei teilbar sind, F die Menge der natürlichen Zahlen, die durch sechs teilbar sind. Es ist evident, daß G, U, E und F echte Untermengen von N sind. G und U sind disjunkt, F ist eine echte Untermenge von E, F überdeckt G teilweise.

2.6. Geordnete Paare. Diskrete Mengen und kontinuierliche Mengen

Zwei Objekte a und b können auf verschiedene Arten angegeben werden: 1. Zuerst a, dann b. 2. Zuerst b, dann a. In der Mathematik, wie im Alltagsleben, ist es wünschenswert, daß man die Wahl einer bestimmten Reihenfolge anzeigen kann. Man benützt in diesem Fall dazu runde Klammern und schreibt (a, b) oder (b, a), je nachdem, welcher Fall vorliegt. Es verhält sich dabei etwa so wie bei der Positionsmeldung eines Schiffes: Die erste Zahl bedeutet dabei immer die geographische Länge, die zweite Zahl die geographische Breite.

Wir nennen (a, b) ein *geordnetes Paar* oder auch einfach *Paar*. Man versteht darunter die Menge der Elemente a, b in der fest gewählten Reihenfolge.

Es hindert uns nichts daran, für a und b dasselbe Element zu verwenden. Auch (a, a) und (b, b) sind daher geordnete Paare.

Unsere Vereinbarungen bezüglich der Gleichheitsrelation führen uns dazu, zwei geordnete Paare als gleich zu betrachten, wenn sie dieselben Elemente in derselben Reihenfolge besitzen.

Wir sagen (a, b) = (c, d) dann und nur dann, wenn a = c und b = d. Darüber hinaus gilt mit a ≠ b auch (a, b) ≠ (b, a). Andererseits ist (a, b) ≠ (b, a) dann und nur dann, wenn a ≠ b.

Zum Beispiel ist (− 4,3) ≠ (3, − 4). In (5,5) kann jedoch die Anordnung der Elemente vertauscht werden, ohne das geordnete Paar zu ändern.

Zu beachten ist der Unterschied zwischen { , } und (,). Im ersten Fall sind die Elemente sicher verschieden. Ihre Anordnung interessiert jedoch nicht.

Wir stellen nun die Frage, welche geordneten Paare man aus den Elementen einer Menge bilden kann. Diese so einfache Frage führt uns zu einem fundamentalen Begriff.

Wir betrachten zuerst ein Beispiel. Die Menge A soll aus den Zahlen 3 und 5 gebildet sein. Jede davon führt zu zwei geordneten Paaren. Insgesamt erhalten wir also vier geordnete Paare:

(3, 3), (3, 5), (5, 3), (5, 5)

Nehmen wir nun an, daß A die Dreiermenge a, b, c sei. Die Anzahl der geordneten Paare zu finden, ist einfach, wenn man systematisch vorgeht. Nehmen wir jeweils a, b und c als Anfangsterme, so ergibt sich wegen a ≠ b, b ≠ c und c ≠ a

(a, c)   (b, c)   (c, c)
(a, b)   (b, b)   (c, b)
(a, a)   (b, a)   (c, a)

insgesamt also $9 = 3^2$ geordnete Paare. Wie die Darstellung zeigt, ergibt sich ein quadratisches Schema, in dessen erster Spalte das erste Element jeweils a, in dessen zweiter Spalte jeweils b usw. ist. Die Tafel läßt sich graphisch auf folgende Art darstellen. In einem rechtwinkligen Koordinatensystem tragen wir auf den beiden Halbachsen in gleichen Abständen die Punkte a, b, c in dieser Reihenfolge auf.

Durch diese Punkte ziehen wir die Parallelen zu den Halbachsen und erhalten eine gitterartige Konstruktion. Die Schnittpunkte der Gitterlinien entsprechen den geordneten Paaren, wenn wir zuerst den Buchstaben auf der horizontalen Achse und dann den Buchstaben auf der vertikalen Achse lesen (Bild 4).

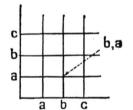

Bild 4

Wir haben der Antwort auf unsere Frage somit eine geometrische Form gegeben. Die Gittermethode eignet sich ausgezeichnet, um die geordneten Paare aufzusuchen, die man von einer gegebenen Menge bilden kann. Verwenden wir sie nochmals für die Menge der Vokale des Alphabets. Auf den Halbachsen sind die Vokale a, e, i, o, u aufzutragen. Zieht man durch die Punkte a, e, i, o, u die Parallelen zu den Halbachsen, so erhält man das in Bild 5 wiedergegebene Gitter. Leicht findet man wieder alle geordneten Paare (Bild 6), es sind $5^2 = 25$ Paare.

Manchmal ist A eine sehr große endliche oder gar unendliche Menge. Das verwendete Schema dient dann als Modell für ein unvollständiges, aber sehr anschauliches Bild.

Es handle sich zum Beispiel um die Menge N der natürlichen Zahlen. Da wir nur die ersten Zahlen davon eintragen können, ergibt sich nur eine unvollständige Darstellung des Gitters (Bild 7). Man beachte, daß N eine spezielle unendliche Menge ist.

2.7. Cartesische Produkte

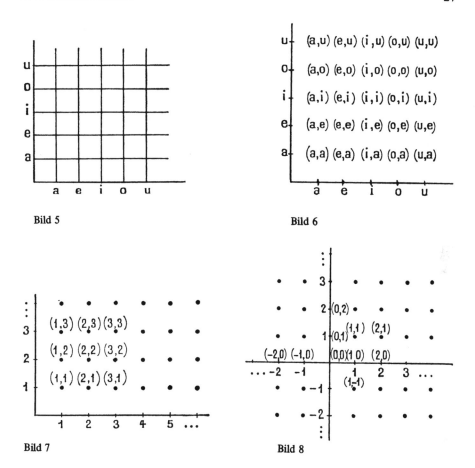

Bild 5

Bild 6

Bild 7

Bild 8

Sie hat ein erstes Element, aber kein *letztes*. Bei der Menge der ganzen Zahlen gibt es jedoch weder ein erstes noch ein letztes Element. Das Gitter nimmt in diesem Fall die gesamte Ebene ein (Bild 8). Auch bei der Menge der Dezimalzahlen, gibt es kein erstes und kein letztes Element. Diese Menge ist nicht einmal *diskret (diskontinuierlich).* Es handelt sich um eine *kontinuierliche* Menge. Eine Einteilung in Quadrate ist hier nicht möglich. Jeder Punkt der Ebene stellt ein geordnetes Paar dar und umgekehrt.

2.7. Cartesische Produkte

Die in 2.6. beschriebene graphische Methode dürfte mit der allgemeinen Idee bereits etwas vertraut gemacht haben. Das erste Element eines geordneten Paares heißt seine erste Koordinate *(Abszisse),* die entsprechende Gerade ist die *x-Achse* oder Abszissenachse. Das zweite Element ist die *Ordinate*. Ihr entspricht die *y-Achse*, die Ordinatenachse.

28   2. Weiteres über Mengen

Die beschriebenen Beispiele legen die allgemeine Antwort auf unsere Frage nahe. Mit Hilfe der Elemente von A ist es möglich, so viele geordnete Paare zu bilden, als es Paare von Elementen (a, b) mit a $\in$ A und b $\in$ A gibt. Wenn A eine endliche Menge mit n Elementen ist, so gibt es n^2 geordnete Paare. Wenn A unendlich ist, so ist die Menge der entsprechenden geordneten Paare ebenfalls unendlich.

Die Antwort zeigt, wie man ausgehend von A eine neue Menge bilden kann. Wir wollen dieser neuen Menge einen Namen geben.

A sei eine Menge. Die Menge der geordneten Paare, deren Elemente aus A stammen, heißt *Cartesisches Produkt* von A. Wir bezeichnen es mit A $\times$ A. Es gilt somit (a, b) $\in$ A $\times$ A dann und nur dann, wenn a $\in$ A und b $\in$ A.

Einige Eigenschaften dieser Menge sind evident. Wenn a $\in$ A, so folgt (a, a) $\in$ A $\times$ A. B $\subseteq$ A gilt dann und nur dann, wenn B $\times$ B $\subseteq$ A $\times$ A. Wenn A eine Einermenge ist. d. h. wenn A = {a}, so hat auch das Cartesische Produkt nur ein einziges Element, A $\times$ A = (a, a). Ist die Menge A endlich und hat n Elemente, so ist auch A $\times$ A endlich und hat n^2 Elemente. Wenn A eine unendliche Menge ist, so gilt das auch vom Cartesischen Produkt A $\times$ A.

Schließlich sei noch bemerkt, daß diese Konstruktion eine Verallgemeinerung erlaubt. Wir können die Menge aller geordneten Tripel betrachten, deren Elemente aus einer Menge A stammen, usw.

2.8. Übungen

1. Ist es möglich, daß zwei Mengen A und B so beschaffen sind, daß die eine jeweils Untermenge der anderen ist? Wenn ja, was kann man noch über derartige Mengen aussagen?
2. Wenn A $\subseteq$ B, ist dann A = B? Wenn A $\subset$ B, gilt dann auch A $\subseteq$ B? Warum?
3. Die Mengen A, B, C, D seien die Mengen der Punkte, die in den Kreisen A, B, C, D des Bildes 9 enthalten sind. Man konstruiere für jede der folgenden Teilfragen ein entsprechendes Diagramm und schraffiere die gefragte Menge.

a) { x | x $\in$ A und x $\in$ B }
b) { x | x $\in$ A und x $\notin$ B }
c) { x | x $\in$ A und x $\in$ B und x $\in$ D }
d) { x | x $\in$ A und x $\in$ B und x $\notin$ D }
e) { x | x $\in$ A und x $\notin$ B und x $\in$ D }
f) { x | x $\in$ A und x $\notin$ B und x $\notin$ C und x $\in$ D }

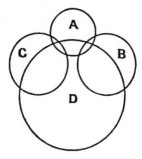

Bild 9

2.8. Übungen

4. x und y seien zwei Zahlen, wobei x kleiner als y sei. Die Menge der reellen Zahlen, die nicht kleiner als x und nicht größer als y sind, nennt man Intervall und bezeichnet es mit [x, y]. Man gebe an, ob die folgenden Aussagen falsch sind:

a) $[3, 5] \subseteq [3, 6]$;   b) $[4, 7] \subseteq [5, 10]$;
c) $[2, 4] \subseteq [1, 5]$;   d) $[2, 3] \subseteq [2, 3]$;
e) $\left[1\frac{1}{2}, 2\frac{1}{2}\right] \subset \left[\frac{1}{4}, 2\frac{1}{4}\right]$.

5. A sei die Menge A = $\{1, 2, 3, 4, 5\}$. Welche Mengen X erfüllen gleichzeitig die Relationen $\{1, 2\} \subseteq X$ und $X \subseteq A$?

6. A sei die Menge der Elemente mit der Eigenschaft W, B die Menge der Elemente mit der Eigenschaft T und C die Menge der Elemente, die gleichzeitig die Eigenschaften W und T besitzen. Man beweise

$C \subseteq A$ und $C \subseteq B$.

7. Mengen lassen sich bequem durch die Punkte im Innern ebener geschlossener Kurven darstellen. Eine derartige Darstellung wurde schon in der Übungsaufgabe 3 benutzt. Man verwende Kreisscheiben zur Darstellung beliebiger Mengen A, B und C und prüfe nach, ob die folgenden Sätze gültig sind oder nicht. Um die Anschaulichkeit der graphischen Methode schätzen zu lernen, versuche man, die Entscheidung zuerst ohne Diagramm herbeizuführen. Man verifiziere dann die Ergebnisse mit Hilfe der graphischen Methode.

a) Wenn $A \subseteq B$ und $B \not\subseteq C$, so gilt $A \not\subseteq C$ [1]).
b) Wenn $A \not\subseteq B$, so $B \not\subseteq A$.
c) Wenn $A \subseteq B$, so $B \not\subseteq A$.

8. Jede Menge enthält die leere Menge und sich selbst als Untermengen. Kann man daraus schließen, daß jede Menge mindestens zwei Untermengen hat? Unter welchen Bedingungen enthält eine Menge genau zwei Untermengen?

9. N sei die Menge der natürlichen Zahlen N = $\{1, 2, 3, \ldots\}$. Welche der folgenden Mengen sind endlich:

a) $\{x \mid x \in N \text{ und } x < 2\}$;
b) $\{x \mid x \in N \text{ und } x \text{ ist ungerade}\}$;
c) $\{x \mid x^2 < 2 \text{ und } x \in N\}$;
d) $\{x \mid x \in N \text{ und } x \text{ ist gerade}\}$

10. Man gebe an, welche der folgenden Mengen leer, endlich oder unendlich ist. Bei den endlichen Mengen gebe man die Anzahl der Elemente an (N ist die Menge der natürlichen Zahlen $\{1, 2, 3, \ldots\}$).

a) $\{x \mid x \in \phi\}$;   b) $\{x \mid x \in N \text{ und } x + 1 = 2\}$;
c) $\{x \mid x \in N \text{ und } x + 2 = 1\}$;   d) $\{x \mid x \in N \text{ und } x^2 = 4\}$;
e) $\{x \mid x \in N \text{ und } 2x = 1\}$;   f) $\{x \mid x \text{ ist ungerade und } x \text{ ist Primzahl}\}$.

---

[1]) $A \not\subseteq B$ soll heißen „A ist nicht in B enthalten und ist ungleich B".

11. Besteht zwischen den Mengen A und B eine Relation? Wenn ja, um welche handelt es sich?

a) Wenn A ein Element besitzt, das zu B gehört;
b) A = {1, 2, 3, 4};   B = {1, 2, 3};
c) A = {1, 2, 3, 4};   B = {3, 4, 5};
d) A = {1, 2, 3, 4};   B = {5, 6, 7, 8};
e) A = {1, 2, 3, 4};   B = {2, 4, 6, 8};
f) A = {1, 2, 3, 4};   B = {3}.

12. In Übung 4 wurde die Definition eines Intervalles gegeben. Man gebe die Relationen an, die zwischen den Intervallen der folgenden Beispiele bestehen:

a) $[0, 2], [1, 2]$;   b) $[-2, +2], [-1, +1]$;
c) $[1, 2], [3, 4]$;   d) $[1, 2], [1, 2]$;
e) $[0, 2], [1, 3]$.

13. Die Universalmenge sei U = {a, 1, b, 3, c, 5}. A sei die Menge {a, b, 3, 5} und B sei {b, c, 3, 5}.

a) Man stelle eine Liste der Untermengen von B auf.
b) Welche Untermengen von B sind echte Untermengen von A?
c) Enthält A eine echte Untermenge von B?
d) Welche Untermengen von B sind zu A disjunkt?
e) Welche Untermengen von B enthalten A?

14. Angenommen, es sei A ⊄ B[1]). Man gebe eine Aufstellung aller möglichen Relationen zwischen A und B.

15. Das Cartesische Produkt von A mit sich selbst enthalte neun Elemente. Zwei davon seien (p, q) und (r, q), wobei p, q, r verschieden sein sollen. Wie heißen die sieben restlichen Elemente?

16. Ein Student sagt zu seinen Kameraden, er wisse eine Menge, deren Cartesisches Produkt 5 Elemente enthalte. Seine Kameraden erwidern, das sei unmöglich. Wer hat recht und warum?

17. Man zeichne die folgenden geordneten Paare:

(1, 1); (-2, -4); (-4, -2); (2, -6); (3, 5);
(-1, 1); (-10, 6); (10, -6); (2, 8); (-2, 8).

18. Wieviele Untermengen besitzt die Menge {a, b, c, d}, wenn man annimmt, daß die Elemente a, b, c, d untereinander verschieden sind? Wieviel geordnete Paare kann man ausgehend von dieser Menge bilden?

19. Man gebe eine graphische Darstellung des Cartesischen Produktes (s. 2.7) der Menge A = {1, 2, 3, 4, 5}. Mit Hilfe der Zeichnung sind die folgenden Aufgaben zu lösen:

a) Man gebe alle geordneten Paare der Form (a, a) an.
b) Wie findet man zu dem gegebenen Paar (a, b) das Paar (b, a)?
c) Alle geordneten Paare der Form (x, 3) sind anzugeben.
d) Man suche alle geordneten Paare der Form (2, y) auf.

---

[1]) Das Zeichen ⊄ soll bedeuten „ist nicht echte Untermenge von".

3. Operationen auf Mengen

3.1. Allgemeines über die Mengenalgebra

Jeder von uns kennt seit langem zwei Operationen mit ganzen Zahlen, die *Addition* und die *Multiplikation*. Die Addition, durch das Zeichen „+" dargestellt, bestimmt, von zwei gegebenen Zahlen ausgehend, eine dritte Zahl, zum Beispiel

$$3 + 5 = 8, \quad 6 + (-4) = 2, \quad (-7) + 3 = -4.$$

Die Multiplikation, symbolisiert durch das Zeichen „·" oder das Zeichen „×", definiert ebenso von zwei gegebenen Zahlen ausgehend eine neue dritte Zahl, zum Beispiel

$$3 \cdot 5 = 15, \quad (-4) \cdot 3 = -12, \quad (-5) \cdot (-6) = 30.$$

Es gibt auch eine einstellige Operation, die jeder gegebenen Zahl eine neue Zahl zuordnet, nämlich die *inverse* (negative) Zahl. Diese Operation wird mit dem Symbol „−" bezeichnet. Zum Beispiel

$$-(4) = -4, \quad -(-7) = 7.$$

Sicher ist jeder von uns mit den Verfahren vertraut, aus einem oder mehreren Elementen der Menge der ganzen Zahlen ein neues Element dieser Menge zu bestimmen. Solche Verfahren nennt man *Operationen*. Wir unterscheiden Operationen, die sich auf ein einziges Element beziehen, Operationen mit zwei Elementen, sogenannte *binäre Operationen*, Operationen mit drei Elementen, *ternäre Operationen* genannt, usw. Analog dazu können wir auch Operationen mit Mengen definieren, die ausgehend von einer oder mehreren Mengen wieder zu einer neuen Menge führen. Auf diese Weise erhalten wir eine neue Algebra, die man *Mengenalgebra* nennt.

Wir definieren vorerst auf beliebige Weise eine Menge $\mathcal{D}$, die als Variationsbereich für die Variable x dienen soll. Mit A, B, C, ... werden beliebige Mengen bezeichnet, die in $\mathcal{D}$ enthalten sein sollen, anders ausgedrückt, A, B, C, ... seien andere Variablen, deren Bereich die Familie der Untermengen von $\mathcal{D}$ sein soll. Wir untersuchen nun verschiedene Möglichkeiten, A, B, C, ... miteinander zu kombinieren.

3.2. Der Durchschnitt von Mengen

Von zwei gegebenen Zahlen a und b kann man bekanntlich zu einer dritten Zahl, dem *Produkt* a · b übergehen. Diese binäre Operation heißt *Multiplikation*.

In analoger Weise gehen wir von zwei gegebenen Mengen A und B aus, die Untermengen von $\mathcal{D}$ sein sollen, und nennen die Menge

$\{x \mid x \in A \text{ und } x \in B\}$

den *Durchschnitt von A mit B*. Wir bezeichnen ihn mit dem Symbol „∩"[1]) und schreiben

$A \cap B = \{x \mid x \in A \text{ und } x \in B\}$.

Nach dieser Definition ist $x \in A \cap B$ dann und nur dann, wenn gleichzeitig $x \in A$ und $x \in B$.

Die Bedeutung des Durchschnitts wird am Beispiel geometrischer Mengen klar. Nehmen wir für $\mathcal{D}$ die Menge der Punkte eines Rechteckes. A und B seien Punktmengen zweier im Innern von $\mathcal{D}$ liegender Kreisscheiben (Bild 10). Der Durchschnitt $A \cap B$ ist dann jener Teil, der beiden Kreisscheiben gemeinsam ist. Er besteht hier aus dem schraffierten Teil des Bildes 10.

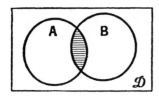

Bild 10

Auch endliche Mengen können zur Illustration dieses Begriffes dienen. Nehmen wir für

$\mathcal{D} = \{1, 2, 3, 4, 5, 6\}$, $A = \{1, 2, 3\}$ und $B = \{2, 3, 4, 5\}$.

Offensichtlich sind A und B Untermengen von $\mathcal{D}$. Somit ist

$A \cap B = \{2, 3\}$.

Man erinnere sich an die Bedeutung, die wir den Symbolen „$\mathcal{D}$", „A", „B", „C", „ϕ" und „$\subseteq$" gegeben haben. Die einzelnen Teile des folgenden Satzes erscheinen wohl dann ohne weiteres plausibel.

Satz 1. $A \cap A = A$; $A \cap \mathcal{D} = A$; $A \cap \phi = \phi$;

2. $A \cap B \subseteq A$ und $A \cap B \subseteq B$;

3. Aus $C \subseteq A$ und $C \subseteq B$ folgt $C \subseteq A \cap B$

4. $A \cap B = A$ dann und nur dann, wenn $A \subseteq B$.

[1]) Gelesen: Durchschnitt

3.2. Der Durchschnitt von Mengen

Teil 1 sagt uns, wie sich die speziellen Mengen $\mathcal{D}$ und ϕ gegenüber der Durchschnittsbildung verhalten. Teile 2 und 3 weisen darauf hin, daß $A \cap B$ die größte Menge ist, die zugleich in A und in B enthalten ist. Teil 4 charakterisiert die Operation der Durchschnittsbildung $\cap$ in Hinblick auf die Inklusionsrelation $\subseteq$.

Die Teile 2 und 3 zeigen weiterhin noch eine Analogie zwischen der Multiplikation von Zahlen und der Durchschnittsbildung von Mengen. Teil 1 zeigt, daß insbesondere $\mathcal{D}$ und ϕ wie die Zahlen 1 und 0 bei der Multiplikation wirken.

Andere Eigenschaften, die wir noch herleiten werden, vertiefen diese Analogien. Zwei weitere Eigenschaften sind die folgenden:

Satz 1. $A \cap B = B \cap A$;

2. $A \cap (B \cap C) = (A \cap B) \cap C$.

Teil 1 ist nach der Definition des Durchschnitts evident. In Teil 2 sollen die verschiedenen Klammern anzeigen, in welcher Reihenfolge die Durchschnitte gebildet werden sollen: $A \cap (B \cap C)$ soll heißen: Man nehme den Durchschnitt von A mit dem Durchschnitt von B mit C. Auch dieser Teil erscheint evident. Um den Beweis jedoch effektiv zu führen, unterstreichen wir vorerst die Plausibilität des Satzes an Hand einer geometrischen Darstellung und geben den Beweis dann anschließend.

Für $\mathcal{D}$ nehmen wir wieder die Punkte eines Rechteckes. A, B und C sollen durch drei Kreisscheiben im Innern von $\mathcal{D}$ dargestellt werden (Bild 11a). Je zwei dieser Kreise mögen sich schneiden. Wir zeichnen dasselbe Bild nochmals (Bild 11b) und schraffieren den Durchschnitt $B \cap C$ parallel zu einer Rechteckseite. Senkrecht dazu werde auch das Innere von A schraffiert. Der karierte Teil in Bild 11b stellt dann $A \cap (B \cap C)$ dar. In einem weiteren Bild (11c) schraffieren wir wieder parallel zu einer Rechteckseite $A \cap B$. In der Richtung senkrecht dazu schraffieren wir C. Diesmal stellt der karierte Bereich $(A \cap B) \cap C$ dar. Man stellt fest, daß beide karierten Bereiche übereinstimmen. Diese Tatsache läßt darauf schließen, daß

$$A \cap (B \cap C) = (A \cap B) \cap C.$$

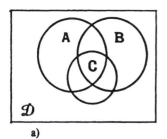
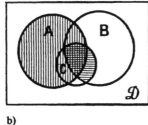
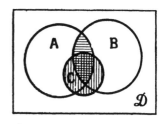

a) b) c)

Bild 11

3. Operationen auf Mengen

Wir fügen nun den Beweis an. Um die Gleichheit von $A \cap (B \cap C)$ und $(A \cap B) \cap C$ zu zeigen, genügt es nach 1.7, wenn wir nachweisen, daß gleichzeitig

$$A \cap (B \cap C) \subseteq (A \cap B) \cap C$$
und $\quad (A \cap B) \cap C \subseteq A \cap (B \cap C)$

gilt.

Sei $x \in (A \cap B) \cap C$. Dann gehört x zu C und zu $A \cap B$. Als Element von $A \cap B$ gehört x zu A und zu B, also $x \in A$ und $x \in B$. Da x auch zu C gehört, ist es mithin Element von $B \cap C$. Als Element von A gehört es also zu A und $B \cap C$, woraus schließlich folgt

$$x \in A \cap (B \cap C)$$

Die zweite Zeile ist also bewiesen.

Sei nun $x \in A \cap (B \cap C)$. Also gilt $x \in A$ und $x \in B \cap C$ und daher auch $x \in B$ und $x \in C$. Mit $x \in A$ und $x \in B$ folgt $x \in A \cap B$. Aus $x \in C$ und $x \in A \cap B$ folgt weiter

$$x \in (A \cap B) \cap C,$$

was zum Beweis der ersten Zeile zu zeigen war.

Der Satz ist damit vollständig bewiesen.

Die Reihenfolge, in der die Durchschnitte gebildet werden, ist also *vollkommen gleichgültig*. In Zukunft schreiben wir daher für das Resultat einfach

$$A \cap B \cap C.$$

Wir haben bereits eine gewisse Ähnlichkeit zwischen der Multiplikation von Zahlen und der Durchschnittsbildung von Mengen festgestellt. Nach dem vorausgehenden Satz ergibt sich die Analogie von $A \cap B = B \cap A$ zu $3 \cdot 5 = 5 \cdot 3$. Das heißt also, die Anordnung der Mengen bei der Durchschnittsbildung hat keinen Einfluß auf das Resultat. Solche binären Operationen nennt man *kommutativ*. Die Eigenschaft heißt *Kommutativität*. Ebenso ist

$$A \cap (B \cap C) = (A \cap B) \cap C$$

analog zu $4 \cdot (5 \cdot 9) = (4 \cdot 5) \cdot 9$. Eine Folge von Durchschnitten ist somit unabhängig von der Art, in der man die beteiligten Mengen aneinander fügt. Solche Operationen heißen *assoziativ*. Die Eigenschaft heißt *Assoziativität*.

Wenn wir weiter die Zuordnung $\mathcal{D}$ zu 1 und ϕ zu 0 annehmen, so spiegelt, wie bereits erwähnt, Teil 1 des Satzes die Tatsache $5 \cdot 1 = 5$ und $3 \cdot 0 = 0$ wieder. Der Durchschnitt zweier Mengen erscheint als Analogie zum Produkt von zwei Zahlen.

Das Gesetz A ∩ A = A weist jedoch auf einen großen Unterschied zur Multiplikation von Zahlen hin, da dort ja 3 · 3 = 3 nicht gilt. Die obigen Analogien zeigen, daß gewisse Eigenschaften der Zahlenalgebra bei der Mengenalgebra erhalten bleiben, der angedeutete Unterschied weist jedoch darauf hin, daß die Mengenalgebra noch wesentlich einfacher ist.

3.3. Vereinigung von Mengen

Wir erinnern uns an eine weitere Konvention in der Algebra. Zwei gegebenen Zahlen a und b können wir eine dritte Zahl als *Summe* zuordnen. Diese Operation ist ebenfalls binär und heißt *Addition,* wir schreiben c = a + b.

Analog dazu können wir zwei gegebenen Untermengen A und B von $\mathcal{D}$ eine dritte Untermenge

$\{ x \mid x \in A \text{ oder } x \in B \}$

zuordnen, die man die Vereinigung von A und B nennt. Das Symbol dieser Vereinigung ist „∪"[1]) und es gilt

A ∪ B $\{ x \mid x \in A \text{ oder } x \in B \}$

Diese Operation weist den zwei Mengen A und B eine eindeutig bestimmte Menge A ∪ B zu, die gerade die Elemente enthält, die zu mindestens einer der Mengen A oder B gehören. Wir können sagen:

Die Vereinigung von A und B ist die Menge aller x, für welche x ∈ A oder x ∈ B gilt.

Um den Vereinigungsbegriff besser zu verstehen, muß etwas über das Wort *oder* gesagt werden. Im Deutschen besitzt die Konjunktion *oder* mehrere Bedeutungen. Manchmal ist *oder* nur ein Synonym für „anders ausgedrückt", wie etwa in *vereinigen oder zusammenfassen.* Häufiger wird *oder* aber dazu verwendet, um eine Alternative zu stellen im Sinne von *das eine aber nicht das andere.* In diesem Fall handelt es sich um ein exklusives *oder,* wie in *die Zahl n ist gerade oder ungerade. Oder* kann aber auch in nicht exklusiver Bedeutung gebraucht werden, indem beide Alternativen möglich sind, wie zum Beispiel in dem Satz *die betrachtete Zahl ist ein Vielfaches von 2 oder von 3.* Diese letzte Bedeutung soll dem Wort *oder* in „x ∈ A oder x ∈ B" zugrunde gelegt werden.

Die Bedeutung der Vereinigung kann mit Hilfe von Punktmengen in einer Ebene auf die folgende Weise veranschaulicht werden. $\mathcal{D}$ sei die Punktmenge im Innern der Kurve $\mathcal{D}$ (Bild 12). Als Untermengen nehmen wir die Punkte im Innern und auf dem Rande der Kurven A und B. Die Vereinigung A ∪ B ist die Menge der Punkte auf dem

---
[1]) Gelesen: Vereinigung

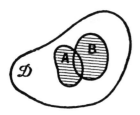

Bild 12

Rand und im Innern des schraffierten Teiles von $\mathcal{D}$. Mit Hilfe der Konstruktion von Mengen durch Aufzählung können wir noch weitere Beispiele zur Vereinigungsbildung geben. $\mathcal{D}$ sei die endliche Menge $\mathcal{D} = \{a, b, c, d, e, f\}$. Bezeichnen wir mit A, B, C, D die folgenden Untermengen:

$$A = \{a, b, c, d, e\}, B = \{a, d, e, f\}, C = \{a\}, D = \{f\},$$

so haben wir

$A \cup B = \{a, b, c, d, e, f\}$; $A \cup C = \{a, b, c, d, e\}$;
$A \cup D = \{a, b, c, d, e, f\}$; $B \cup C = \{a, d, e, f\}$;
$B \cup D = \{a, d, e, f\}$; $C \cup D = \{a, f\}$.

Die Vereinigung hat die folgenden elementaren Eigenschaften:

Eigenschaft I. Die Vereinigung einer Menge A mit derselben Menge A ist wieder A. Die Vereinigung der Menge A mit der leeren Menge ϕ ist die Menge A. Die Vereinigung der Menge A mit der Menge $\mathcal{D}$ ist $\mathcal{D}$.

Diese Eigenschaft ist sofort klar, wenn man die Bedeutung der Vereinigung erfaßt hat. Sie sagt aus, wie sich die beiden speziellen Mengen $\mathcal{D}$ und ϕ bei der Vereinigung verhalten.

Eigenschaft II. Die Mengen A und B sind Untermengen ihrer Vereinigungsmenge.

Eigenschaft III. Wenn C eine Obermenge von A und eine Obermenge von B ist, so ist sie auch eine Obermenge der Vereinigungsmenge $A \cup B$.

Eigenschaft IV. Die Vereinigung von A mit B ist identisch mit A dann und nur dann, wenn B eine Untermenge von A ist.

Mit Hilfe der bereits bekannten Symbole lassen sich diese Eigenschaften einfach ausdrücken:

I. $A \cup A = A$; $A \cup \phi = A$; $A \cup \mathcal{D} = \mathcal{D}$;

II. $A \cup B \supseteq A$; $A \cup B \supseteq B$;

III. Wenn $C \supseteq A$ und $C \supseteq B$, dann $C \supseteq A \cup B$

IV. $A \cup B = A$ dann und nur dann, wenn $A \supseteq B$

3.3. Vereinigung von Mengen

II und III zeigen, daß $A \cup B$ die kleinste Menge ist, die gleichzeitig A und B umfaßt. IV charakterisiert die Vereinigung mit Hilfe der Relation $\supseteq$.

Einige dieser Eigenschaften lassen eine gewisse Ähnlichkeit der Vereinigung von Mengen mit der Addition von Zahlen erkennen. Weitere Eigenschaften vertiefen diese Analogie.

Eigenschaft V. Die Vereinigung ist unabhängig von der Reihenfolge der Elemente:

$A \cup B = B \cup A$

Diese Eigenschaft ist nach der Definition der Vereinigung evident.

Eigenschaft VI. Vereinigt man die Vereinigungsmenge von B und C mit der Menge A, so ist das dasselbe wie die Vereinigung der Menge C mit der Vereinigungsmenge von A und B:

$A \cup (B \cup C) = (A \cup B) \cup C$.

Wir werden die Plausibilität dieser Behauptung geometrisch untermauern und sie erst dann beweisen.

Für $\mathcal{D}$ nehmen wir die Punkte im Innern und auf einer Kurve $\mathcal{D}$ (Bild 13 und 14). Als Untermengen A, B und C benutzen wir die Punkte im Innern und auf den Kurven A, B, C innerhalb von $\mathcal{D}$. Von diesem Bild machen wir zwei Kopien. Auf der ersten Kopie schraffieren wir in einer Richtung das Innere von A und in der Richtung senkrecht dazu die Vereinigung von B mit C. Der zumindest einmal schraffierte Bereich ist dann $A \cup (B \cup C)$. Auf der zweiten Kopie schraffieren wir das Innere von C in der einen Richtung und senkrecht dazu die Vereinigung von A mit B. Die mindestens einmal schraffierte Fläche stellt dann $(A \cup B) \cup C$ dar.

Die Möglichkeit, die schraffierten Bereiche beider Zeichnungen zur Deckung zu bringen, zeigt die Gültigkeit unserer Behauptung. Führen wir nun den Beweis durch.

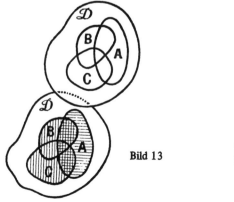

Bild 13

Bild 14

x sei ein Element, dessen Bereich A ∪ (B ∪ C) ist. Dann gilt gleichzeitig x ∈ A oder x ∈ (B ∪ C), also x ∈ B oder x ∈ C. Aus x ∈ A oder x ∈ B folgt x ∈ A ∪ B. Aus x ∈ A ∪ B oder x ∈ C folgt

x ∈ (A ∪ B) ∪ C.

So folgt aus x ∈ A ∪ (B ∪ C) die Beziehung x ∈ (A ∪ B) ∪ C.

Nun sei x eine Variable mit dem Bereich (A ∪ B) ∪ C. Es gilt dann x ∈ (A ∪ B) oder x ∈ C, d.h. x ∈ A oder x ∈ B oder x ∈ C. Daraus folgt x ∈ A oder x ∈ B ∪ C und schließlich x ∈ A ∪ (B ∪ C). Mit x ∈ (A ∪ B) ∪ C gilt daher auch x ∈ A ∪ (B ∪ C).

Also ist A ∪ (B ∪ C) = (A ∪ B) ∪ C, da ja gleichzeitig

A ∪ (B ∪ C) ⊇ (A ∪ B) ∪ C und (A ∪ B) ∪ C ⊇ A ∪ (B ∪ C),

was wir schrittweise bewiesen haben. Die Eigenschaft VI ist daher auch wahr.

Die numerische Addition und die Vereinigung besitzen also einige analoge Eigenschaften. A ∪ B = B ∪ A ist analog zu 2 + 7 = 7 + 2, das ist die Eigenschaft der *Kommutativität*. Man sagt, die Vereinigung sei *kommutativ*. Andererseits haben wir in

A ∪ (B ∪ C) = (A ∪ B) ∪ C

eine Gleichung analog zu 2 + (3 + 7) = (2 + 3) + 7, was die Assoziativität zum Ausdruck bringt. Die Vereinigung ist assoziativ. Endlich ist gemäß Eigenschaft (I)

A ∪ φ = A,

also analog zu 4 + 0 = 4. Diese Bemerkungen zeigen, daß die Vereinigung von Mengen eine der Addition von Zahlen sehr ähnliche Operation ist.

Nach Eigenschaft (I) jedoch hätte die Gleichung A ∪ $\mathcal{D}$ = $\mathcal{D}$ als analoge Gleichung 7 + 1 = 7, was aber falsch ist, und A ∪ A = A hätte als Analogie 5 + 5 = 5, was ebenfalls falsch ist. Hier treten also wesentliche Diskrepanzen zwischen der Addition von Zahlen und der Vereinigung auf. Die Situation ist jedoch für die Mengenalgebra günstiger, die sich auf Grund der *Absorptionsgesetze* als einfacher erweist.

Das Studium der Eigenschaft VI zeigt darüber hinaus, daß im Falle mehrfacher Vereinigung die Klammern unnötig sind. Das Ergebnis der Vereinigung A ∪ (B ∪ C) = (A ∪ B) ∪ C ist eindeutig, und man darf dafür schreiben A ∪ B ∪ C.

3.4. Vermischte Operationen

Wir haben bereits die Kombinationen A ∪ (B ∪ C) und A ∩ (B ∩ C) oder identische Operationen von drei gegebenen Mengen betrachtet. Die Eigenschaften der gemischten ternären Operationen

A ∩ (B ∪ C) und A ∪ (B ∩ C)

sind uns jedoch noch unbekannt.

3.4. Vermischte Operationen

Bei der ersten Operation bilden wir zuerst die Vereinigung von B mit C und nehmen dann den Durchschnitt der resultierenden Menge mit A. Im anderen Falle gehen wir umgekehrt vor. Wir bilden zuerst den Durchschnitt von B mit C und vereinigen das Resultat mit A. Gibt es noch andere Kombinationen von A, B und C, die dasselbe Ergebnis liefern?

Wir verwenden für die folgende Untersuchung eine arithmetische Form und erinnern uns an eine Tatsache, die etwa in dem Beispiel $4 \cdot (7 + 2)$ zum Ausdruck kommt. Was macht man in diesem Fall? Man führt zuerst die Addition in der Klammer aus und multipliziert das Ergebnis mit der Zahl 4, als $4 \cdot 9 = 36$. Man könnte jedoch auch jedes einzelne Glied der Summe unter der Klammer viermal nehmen und daraus die Summe bilden. Das ergibt $(4 \cdot 7) + (4 \cdot 2)$.

Das entsprechende allgemeine Gesetz drückt man als *Distributivgesetz* aus:

$a \cdot (b + c) = (a \cdot b) + (a \cdot c)$.

Dies bereitet die Antwort auf die Frage vor, die wir uns gestellt haben: Ist es möglich, für jede der betrachteten Operationen eine andere Kombination zu finden? Die Antwort gibt der folgende Satz:

Satz. *Wenn* A, B, C *drei Untermengen einer beliebigen Menge sind, so gilt*

1. $A \cap (B \cup C) = (A \cap B) \cup (A \cap C)$ [1])
2. $A \cup (B \cap C) = (A \cup B) \cap (A \cup C)$
3. $A \cap (A \cup B) = A$ und $A \cup (A \cap B) = A$.

Teil 1 des Satzes zeigt, daß man „Durchschnitt vor Vereinigung" ersetzen darf durch „Vereinigung vor Durchschnitt". Teil 2 zeigt eine ähnliche Regel. Wir können uns von der Plausibilität dieser Behauptungen leicht auf geometrischem Wege überzeugen und die Ergebnisse einer Überprüfung durch eine geometrische Darstellung unterziehen. Wir geben uns jedoch damit zufrieden, die Ergebnisse an einem Beispiel zu erläutern. Nehmen wir für $\mathcal{D} = \{a, b, c, d, e, f\}$ und wählen wir davon die Untermengen $A = \{a, b, c\}$, $B = \{b, c, d\}$ und $C = \{c, d, e\}$.

Es gilt $A \cup B = \{a, b, c, d\}$, $A \cup C = \{a, b, c, d, e\}$, $B \cup C = \{b, c, d, e\}$. $A \cap B = \{b, c\}$, $A \cap C = \{c\}$, $B \cap C = \{c, d\}$.

Man erhält so der Reihe nach

$A \cap (B \cup C) = \{a, b, c\} \cap \{b, c, d, e\} = \{b, c\}$;
$(A \cap B) \cup (A \cap C) = \{b, c\} \cup \{c\} = \{b, c\}$.

---

[1]) Gelesen: Der Durchschnitt von A mit der Vereinigung von B mit C ist gleich der Vereinigung der Durchschnitte von A mit B und von A mit C.

Daraus folgt, daß Teil 1 plausibel ist. Ebenso gilt

$A \cup (B \cap C) = \{a, b, c\} \cup \{c, d\} = \{a, b, c, d\}$;

$(A \cup B) \cap (A \cup C) = \{a, b, c, d\} \cap \{a, b, c, d, e\} = \{a, b, c, d\}$.

Also ist auch Teil 2 plausibel. Schließlich ist

$A \cap (A \cup B) = \{a, b, c\} \cap \{a, b, c, d\} = \{a, b, c\} = A$;

$A \cup (A \cap B) = \{a, b, c\} \cup \{b, c\} = \{a, b, c\} = A$.

Damit wird auch Teil 3 plausibel. Wir haben somit die Gültigkeit der 1., 2. und 3. Gleichung nachgewiesen.

Wir wenden uns nun dem Beweis zu. Nehmen wir zuerst Teil 1. x sei eine Variable mit $x \in A \cap (B \cup C)$, was bedeutet, daß $x \in A$ und $x \in (B \cup C)$, also $x \in B$ oder $x \in C$. Nehmen wir an, daß $x \in B$ gilt. Da zudem $x \in A$, gilt $x \in A \cap B$. Also ist $x \in (A \cap B) \cup (A \cap C)$. Wenn hingegen $x \in C$, so folgt $x \in A \cap C$, also auch $x \in (A \cap B) \cup (A \cap C)$. In jedem Fall gilt also

$A \cap (B \cup C) \subseteq (A \cap B) \cup (A \cap C)$.

Nehmen wir umgekehrt an $x \in (A \cap B) \cup (A \cap C)$. Es ist dann $x \in (A \cap B)$ oder $x \in (A \cap C)$. Sei $x \in (A \cap B)$, also $x \in A$ und $x \in B$. Daraus folgt $x \in A \cap (B \cup C)$. Wenn hingegen $x \in (A \cap C)$, dann gilt $x \in A$ und $x \in C$, also auch $x \in A \cap (B \cup C)$. Das Ergebnis ist somit

$(A \cap B) \cup (A \cap C) \subseteq A \cap (B \cup C)$,

und Gleichung 1 ist damit bewiesen.

Wir zeigen nun die Gültigkeit der zweiten Gleichung. Nehmen wir $x \in A \cup (B \cap C)$ an, so gilt $x \in A$ oder $x \in B \cap C$. Wenn $x \in A$ gilt, so folgt daraus $x \in (A \cup B)$ und $x \in (A \cup C)$, also auch $x \in (A \cup B) \cap (A \cup C)$. Wenn hingegen $x \in (B \cap C)$, so ist $x \in B$ und $x \in C$, also $x \in A \cup B$ und $x \in A \cup C$, daher auch $x (A \cup B) \cap (A \cup C)$. In beiden Fällen haben wir also

$A \cup (B \cap C) \subseteq (A \cup B) \cap (A \cup C)$.

Umgekehrt, wenn $x \in (A \cup B) \cap (A \cup C)$, so auch $x \in (A \cup B)$ und $x \in (A \cup C)$, das heißt $x \in A$ oder $x \in B$ und $x \in A$ oder $x \in C$.

Nehmen wir an $x \in A$, daraus folgt sofort $x \in A \cup (B \cap C)$. Wenn hingegen $x \in B$ und $x \in C$, so auch $x \in (B \cap C)$ und $x \in A \cup (B \cap C)$. In beiden möglichen Fällen ist also $x \in A \cup (B \cap C)$, und es gilt

$(A \cup B) \cap (A \cup C) \subseteq A \cup (B \cap C)$,

womit der Beweis von Gleichung 2 erbracht ist.

3.5. Das Komplement einer Menge

Bei den zwei Gleichungen des dritten Falles könnten wir ebenso vorgehen wie in den Fällen 1 und 2. Wir gehen jedoch besser von den Eigenschaften des Durchschnittes und der Vereinigung aus. Zum Beispiel wollen wir zeigen, daß A ∩ (A ∪ B) = A. Wir wissen, daß A ⊆ (A ∪ B). Daraus folgt aber sofort A ∩ (A ∪ B) = A. Ebenso gilt

A ∪ (A ∩ B) = A.

3.5. Das Komplement einer Menge

Die binären Operationen des Durchschnitts und der Vereinigung führen von zwei gegebenen Mengen zu einer neuen dritten Menge. Gibt es vielleicht auch eine einstellige Operation, die der Bildung des inversen Elementes in der Zahlenalgebra entspricht? Eine Antwort auf diese Frage ist leicht zu geben.

Gegeben sei eine Menge A = {x | x ∈ A} als Untermenge einer Menge $\mathcal{D}$. Die Elemente von $\mathcal{D}$, die nicht zu A gehören, bilden eine weitere Untermenge von $\mathcal{D}$, die man als *Komplement* von A bezüglich $\mathcal{D}$ bezeichnet. Dafür schreibt man[1])

$\overline{A}$ = {x | x ∈ $\mathcal{D}$ und x ∉ A}

Wie früher läßt sich auch jetzt die Menge $\overline{A}$ geometrisch deuten (Bild 15). $\mathcal{D}$ werde durch die Menge der Punkte im Innern und auf der Kurve $\mathcal{D}$ dargestellt. Innerhalb davon sei eine weitere Kurve A gegeben, so daß A durch die Punktmenge im Innern und auf dem Rand A gebildet wird. Das Komplement $\overline{A}$ von A bezüglich $\mathcal{D}$ ist die Menge der Punkte, die zwischen $\mathcal{D}$ und A liegen. Diese Menge wurde in Bild 15 schraffiert. Wir veranschaulichen die Komplementbildung noch an einem numerischen Beispiel. Mit $\mathcal{D}$ = {1, 2, 3, 4, 5}, A = {2, 3, 4}, B = {1, 2, 3, 4} erhält man

$\overline{A}$ = {1, 5} $\overline{B}$ = {5}.

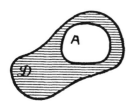

Bild 15

Die Komplemente von Mengen haben evidente Eigenschaften. Einige davon werden hier angegeben:

Satz. Es sei $\mathcal{D}$ eine Menge mit den Untermengen A, B, C, ..., ∅; $\overline{A}, \overline{B}, \overline{C}, ...$ seien deren Komplemente bezüglich $\mathcal{D}$. Dann gilt:

---

[1]) Man benutzt an Stelle von $\overline{A}$ auch A' zur Darstellung des Komplementes

1. $A \cap \overline{A} = \phi$, $A \cup \overline{A} = \mathcal{D}$.
2. $\overline{A} \subseteq \overline{B}$ dann und nur dann, wenn $B \subseteq A$.
3. $\overline{A} = \overline{B}$ dann und nur dann, wenn $A = B$.
4. $\overline{A} = \phi$ dann und nur dann, wenn $A = \mathcal{D}$.
5. $\overline{A} = \mathcal{D}$ dann und nur dann, wenn $A = \phi$.
6. $A \cap B = \phi$ dann und nur dann, wenn $A \subseteq \overline{B}$.
7. $A \cup B = \mathcal{D}$ dann und nur dann, wenn $\overline{A} \subseteq B$.

Wir geben uns damit zufrieden, die Plausibilität der Behauptungen an Beispielen zu zeigen. Auch eine geometrische Darstellung wäre möglich.

$\mathcal{D}$ sei die Menge $\{a, b, c, d, e, f\}$ mit den Untermengen
$A = \{a, b, c\}$, $B = \{b, c\}$, $C = \{c\}$.

Die Komplemente sind

$\overline{A} = \{d, e, f\}$, $\overline{B} = \{a, d, e, f\}$, $\overline{C} = \{a, b, d, e, f\}$.

Es gilt dann

$A \cap \overline{A} = \{a, b, c\} \cap \{d, e, f\} = \phi$;
$A \cup \overline{A} = \{a, b, c\} \cup \{d, e, f\} = \{a, b, c, d, e, f\} = \mathcal{D}$.

Offensichtlich gilt auch $\overline{A} \subseteq \overline{B}$, da $\{d, e, f\} \subseteq \{a, d, e, f\}$ ebenso wie $B \subseteq A$, also $\{b, c\} \subseteq \{a, b, c\}$.

Die drei Operationen dieses Kapitels ergeben also die neuen Mengen $\overline{A}$, $A \cap B$ und $A \cup B$. Jede von ihnen besitzt wieder ein Komplement $(\overline{\overline{A}})$, $\overline{A \cap B}$ und $\overline{A \cup B}$. Könnte man diese Mengen vielleicht mit Hilfe von A, B, $\overline{A}$ und $\overline{B}$ ausdrücken?

Satz. Die Komplemente eines Komplementes, eines Durchschnitts und einer Vereinigung sind durch die folgenden Ausdrücke gegeben:

1. $(\overline{\overline{A}}) = A$. Das Komplement des Komplements von A ist A.

2. $\overline{A \cap B} = \overline{A} \cup \overline{B}$. Das Komplement des Durchschnitts von A und B ist die Vereinigung des Komplements von A mit dem Komplement von B.

3. $\overline{A \cup B} = \overline{A} \cap \overline{B}$. Das Komplement der Vereinigung von A mit B ist der Durchschnitt des Komplements von A mit dem Komplement von B.

Die erste Behauptung bedarf keines Kommentars, sie ist klar. Die zweite und dritte Behauptung sind weniger evident. Wir geben vorerst eine geometrische Interpre-

3.5. Das Komplement einer Menge

tation und beweisen anschließend die Sätze. Diese Gesetze sind von dem englischen Mathematiker *de Morgan* gefunden worden[1]).

Der erste Satz drückt aus, daß die Komplementbildung bei Mengen analog der Bildung des Inversen einer ganzen Zahl ist. Diese Analogie ist jedoch schwach und gestattet keine Erweiterung.

Wir zeigen die Gültigkeit des zweiten Satzes zuerst an einem Beispiel. Als Menge $\mathcal{D}$ wählen wir $\{a, b, c, d, e, f\}$. Die Untermengen A und B seien A = $\{a, b, c\}$, B = $\{b, c, d, e\}$. Also gilt $A \cap B = \{b, c\}$, $\overline{A \cap B} = \{a, d, e, f\}$, $\overline{A} = \{d, e, f\}$, $\overline{B} = \{a, f\}$, $\overline{A} \cup \overline{B} = \{d, e, f\} \cup \{a, f\}$, also $\overline{A} \cup \overline{B} = \{a, d, e, f\}$, und somit $\overline{A \cap B} = \overline{A} \cup \overline{B}$.

Die Gültigkeit von Satz 3 zeigen wir zuerst an einem geometrischen Beispiel. $\mathcal{D}$ werde durch die Punkte eines Rechteckes (Bilder 16, 17 und 18), A und B durch zwei sich schneidende Kreise innerhalb des Rechteckes dargestellt. In dem einen Bild schraffiere man den Teil des Rechteckes außerhalb der Kreise. In der zweiten Figur schraffiere man das Äußere von A parallel einer Rechteckseite und senkrecht dazu das Äußere von B. Der karrierte Teil in Bild 18 stellt dann $\overline{A} \cap \overline{B}$, also den Durchschnitt aus den Komplementen von A und B dar. Ein Vergleich des schraffierten Teiles in Bild 17 mit dem karrierten Teil in Bild 18 zeigt, daß beide Bereiche identisch sind. Es handelt sich um die Punkte des gesamten Rechteckes ohne den einfach schraffierten Teil in der zweiten Darstellung. $\overline{A \cup B}$ und $\overline{A} \cap \overline{B}$ sind identisch.

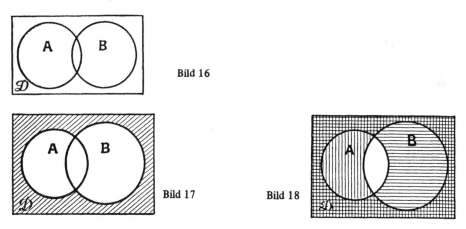

Bild 16

Bild 17   Bild 18

Wir beweisen nun den zweiten Satz. Es sei $x \in \mathcal{D}$. Aus $x \in \overline{A \cap B}$ folgt $x \notin A \cap B$, also $x \notin A$ oder $x \notin B$, d.h. $x \in \overline{A}$ oder $x \in \overline{B}$. Folglich gilt $x \in \overline{A} \cup \overline{B}$, und wir haben

$$\overline{A \cap B} \subseteq \overline{A} \cup \overline{B}.$$

[1]) De Morgan (Augustus) (1806–1871), englischer Mathematiker

Umgekehrt sei $x \in \overline{A} \cup \overline{B}$, also $x \in \overline{A}$ oder $x \in \overline{B}$. Daraus folgt $x \notin A$ oder $x \notin B$. Wenn $x \notin A$, so klarerweise auch $x \notin A \cap B$ und wir erhalten $x \in \overline{A \cap B}$. Wenn $x \notin B$, so ist ebenfalls $x \notin A \cap B$, also $x \in \overline{A \cap B}$. Es gilt daher

$$\overline{A} \cup \overline{B} \subseteq \overline{A \cap B}.$$

Damit ist aber die zweite Behauptung bewiesen.

Das zweite Gesetz von de Morgan (Behauptung 3) beweist man in ähnlicher Weise und sei daher dem Leser überlassen.

Was den ersten Teil des Satzes betrifft, den wir bisher beiseite gelassen haben, so ist der Beweis sehr einfach. Ist $x \in \overline{(\overline{A})}$, dann haben wir

$$\overline{(\overline{A})} \subseteq A$$

Wenn umgekehrt x zu A gehört, so gilt $x \notin \overline{A}$, also $x \in \overline{(\overline{A})}$, und daher

$$A \subseteq \overline{(\overline{A})}.$$

Damit ist auch die erste Behauptung des Satzes bewiesen.

3.6. Dualität

Wir stellen uns nun die wichtigsten Ergebnisse dieses Kapitels in den Tabellen I und II zusammen.

Die Tabelle II der Eigenschaften umfaßt die wichtigsten Gesetze über Mengen, von denen einige eigene Namen besitzen: 7 zum Beispiel enthält das Gesetz der *Kommutativität*, in 8 entdeckt man das Gesetz der *Assoziativität*, in 9 das der *Distributivität*. Die Gesetze von *de Morgan* sind in 16 enthalten. Aber diese zweite Tabelle enthält noch mehr. Eine eingehendere Prüfung zeigt, daß sie aus zwei Teilen besteht, aus den Ergebnissen der linken Spalte und aus den Ergebnissen der rechten Spalte. Um von der einen Formel einer Zeile zur entsprechenden zweiten Formel derselben Zeile überzugehen, braucht man nur das Zeichen $\cap$ durch $\cup$, das Zeichen $\cup$ durch $\cap$ zu ersetzen und von $\mathcal{D}$ auf ϕ und umgekehrt von ϕ auf $\mathcal{D}$ überzugehen. Man sagt, daß hier jede Formel *dual* zur anderen sei. So ist zum Beispiel $A \cap \mathcal{D} = A$ dual zu $A \cup \phi = A$. Ausnahmen davon sind nur die Zeilen 11 und 12, da diese Formeln zu sich selbst dual sind.

Nicht nur in Tabelle II bietet die Eigenschaft der *Dualität* eine brauchbare Hilfe, die Formeln übersichtlich zu gestalten. Diese Eigenschaft ist auch von allgemeinerem Interesse: Wenn ein Lehrsatz über Mengen bewiesen werden könnte und man geht zur dualen Aussage über, so ist auch diese ein beweisbarer Satz. Um ihn herzuleiten genügt es, wenn man in der Herleitung für den ersten Satz überall zur dualen Aussage übergeht. Man kann diesen Sachverhalt etwa bei den Beweisen zur Kommutativität (vgl. 3.2 und

3.7. Zusammengesetzte Mengen und ihre Komplemente

Tabelle I: Definitionen

1	$A \cap B = \{x \mid x \in A \text{ und } x \in B\}$ $\quad$ $A \cup B = \{x \mid x \in A \text{ oder } x \in B\}$
2	$\overline{A} = \{x \mid x \in \mathcal{D} \text{ und } x \notin A\}$

Tabelle II: Eigenschaften

1	$A \cap A = A$	$A \cup A = A$
2	$A \cap \mathcal{D} = A$	$A \cup \phi = A$
3	$A \cap \phi = \phi$	$A \cup \mathcal{D} = \mathcal{D}$
4	$\begin{cases} A \cap B \subseteq A \\ A \cap B \subseteq B \end{cases}$	$\begin{cases} A \subseteq A \cup B \\ B \subseteq A \cup B \end{cases}$
5	Wenn $C \subseteq A$ und $C \subseteq B$, so $C \subseteq A \cap B$	Wenn $A \subseteq C$ und $B \subseteq C$, so $A \cup B \subseteq C$.
6	$A \cap B = A$ dann und nur dann, wenn $A \subseteq B$	$A \cup B = A$ dann und nur dann, wenn $B \subseteq A$.
7	$A \cap B = B \cap A$	$A \cup B = B \cup A$
8	$A \cap (B \cap C) = (A \cap B) \cap C$	$A \cup (B \cup C) = (A \cup B) \cup C$
9	$A \cap (B \cup C) = (A \cap B) \cup (A \cap C)$	$A \cup (B \cap C) = (A \cup B) \cap (A \cup C)$
10	$A \cap (A \cup B) = A$	$A \cup (A \cap B) = A$
11	$\overline{(\overline{A})} = A$	
12	$\overline{A} = \overline{B}$ dann und nur dann, wenn $A = B$	
13	$\overline{A} = \phi$ dann und nur dann, wenn $A = \mathcal{D}$	$\overline{A} = \mathcal{D}$ dann und nur dann, wenn $A = \phi$
14	$\overline{A} \subseteq \overline{B}$ dann und nur dann, wenn $B \subseteq A$	$\overline{B} \subseteq \overline{A}$ dann und nur dann, wenn $A \subseteq B$
15	$A \cap \overline{A} = \phi$	$A \cup \overline{A} = \mathcal{D}$
16	$\overline{A \cap B} = \overline{A} \cup \overline{B}$	$\overline{A \cup B} = \overline{A} \cap \overline{B}$
17	$A \cap B = \phi$ dann und nur dann, wenn $A \subseteq \overline{B}$	$A \cup B = \mathcal{D}$ dann und nur dann, wenn $\overline{A} \subseteq B$

3.3) nachprüfen. Auch haben wir dem Leser nahegelegt, das zweite Gesetz von *de Morgan* zu beweisen. Ausgehend vom Beweis für den ersten Teil kann man leicht zeigen, daß eine Ableitung für den zweiten Teil sich in der beschriebenen Weise ergibt. Dieser Sachverhalt wird in dem folgenden Prinzip ausgedrückt:

Dualitätsprinzip. *Wenn eine Behauptung einen allgemeinen Satz über Mengen darstellt, so ist die duale Aussage ebenfalls ein allgemeiner Satz.*

3.7. Zusammengesetzte Mengen und ihre Komplemente

Von den gegebenen Mengen A, B, C, ... ausgehend, wobei es sich stets um Untermengen einer Menge $\mathcal{D}$ handle, wissen wir nun, wie man mit Hilfe der Operationen $^-$, $\cap$, $\cup$ zu neuen Mengen übergeht, zum Beispiel zu $\overline{A}$, $A \cap B$, $B \cap C$, $A \cap B \cap C$, ... Wir sind auch nicht überrascht, kompliziertere Kombinationen anzutreffen, zum Beispiel $A \cup \overline{B}$, $\overline{A} \cap (\overline{B} \cup C)$, usw.

3. Operationen auf Mengen

Jeder Ausdruck dieser Art bezeichnet eine einfache Menge, die ausgehend von den Mengen A, B, C, ... mit Geduld und Sorgfalt zu definieren ist, indem man die besagten Operationen hintereinander ausführt. Derartige Ausdrücke bezeichnet man als *zusammengesetzte Mengen*.

Das folgende Beispiel veranschaulicht eine solche zusammengesetzte Menge. Wir nehmen für $\mathcal{D}$ ein Rechteck und für A, B und C drei Kreise im Innern von $\mathcal{D}$, von denen sich je zwei gegenseitig schneiden (Bild 19). Von diesem Bild fertigen wir uns vier Kopien an: Auf der ersten stellen wir $A \cap [\overline{B \cup C}]$ dar, auf der zweiten $\overline{A} \cap C$, auf der dritten $B \cap (\overline{A \cup C})$ und mit deren Hilfe auf der vierten die zusammengesetzte Menge

$$[A \cap (\overline{B} \cup C)] \cup [\overline{A} \cap C] \cup [B \cap (\overline{A \cup C})].$$

Das Verfahren wird durch die schraffierten Teile in den Bildern 20, 21, 22 und 23 illustriert.

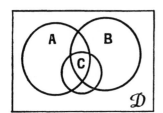

Bild 19

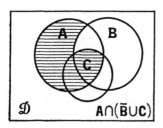

Bild 20

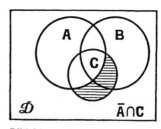

Bild 21

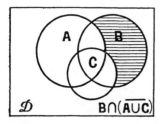

Bild 22

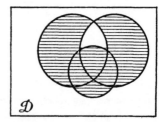

Bild 23

3.7. Zusammengesetzte Mengen und ihre Komplemente

Eine zusammengesetzte Menge hat wie alle Mengen ein Komplement. Das Komplement der Menge in Bild 23 ist

$$\overline{\{[A \cap (\overline{B} \cup C)] \cup [\overline{A} \cap C] \cup [B \cap (\overline{A} \cup \overline{C})]\}}.$$

Man erhält es, indem der ursprüngliche Ausdruck in Klammern gesetzt und ein Strich darüber gezogen wird. Im allgemeinen ist es jedoch vorteilhafter, wenn man das Komplement mit Hilfe von einfachen Mengen ausdrückt. Man erreicht das durch mehrfache korrekte Anwendung der Regeln von *de Morgan*. Betrachten wir zum Beispiel das Komplement von $A \cap (\overline{B} \cup C)$, wofür wir $A \cap \{\overline{\overline{B} \cup C}\}$ schreiben. Die Anwendung der ersten Regel von de Morgan liefert

$$\overline{\{A \cap (\overline{B} \cup C)\}} = \overline{A} \cup \overline{(\overline{B} \cup C)}$$

Anwendung der zweiten Regel liefert

$$\overline{A} \cup \overline{(\overline{B} \cup C)} = \overline{A} \cup [\overline{(\overline{B})} \cap \overline{C}]$$

Da schließlich $\overline{(\overline{B})} = B$, erhalten wir

$$\overline{A} \cup [\overline{(\overline{B})} \cap \overline{C}] = \overline{A} \cup (B \cap \overline{C})$$

als Komplement von $A \cap (\overline{B} \cup C)$.

Das Komplement von $\overline{A} \cap C$ ist $\overline{\overline{A} \cap C}$ und läßt sich durch $\overline{(\overline{A})} \cup \overline{C} = A \cup \overline{C}$ ausdrücken. Es ergibt sich also aus den einfachen Mengen A und Komplement von C.

Diese Beispiele zeigen, daß man die Berechnung gemäß dem folgenden Prinzip durchführen kann:

Prinzip der Komplementbildung. Das Komplement einer zusammengesetzten Menge erhält man, indem man in ihrem Ausdruck jede Menge durch ihr Komplement ersetzt und indem man das Symbol $\cap$ mit $\cup$, $\mathcal{D}$ mit ϕ, ϕ mit $\mathcal{D}$ vertauscht.

Anders ausgedrückt, man bildet den dualen Ausdruck und ersetzt in diesem jede Menge durch ihr Komplement. Dann sind höchstens noch Vereinfachungen von der Art $\overline{(\overline{A})} = A$ durchzuführen.

Unter Beachtung dieses Prinzipes findet man für das Komplement von $A \cap (\overline{B} \cup C)$ sofort $\overline{A} \cup (B \cap \overline{C})$, $\overline{A} \cap C$ geht über in $A \cup \overline{C}$, $B \cap (\overline{A} \cup \overline{C})$ in $\overline{B} \cup (A \cup C)$. Das Komplement von $[A \cap (\overline{B} \cup C)] \cup (\overline{A} \cap C) \cup [B \cap (\overline{A} \cup \overline{C})]$ erhält man in $[\overline{A} \cup (B \cap \overline{C})] \cap (A \cup \overline{C}) \cap [\overline{B} \cup (A \cup C)]$.

Mit Hilfe der in diesem Kapitel dargelegten Überlegungen könnten wir nun eine Mengenalgebra weiterentwickeln, die große Ähnlichkeit mit der Algebra der Zahlen aufweisen würde, in der jedoch auch manche überraschende Unterschiede zu finden wären. Ein derartiges Unternehmen würde aber das Ziel, das diesem Buche gesteckt ist, verfehlen. So soll nun im nächsten Kapitel ein neues mathematisches Konzept erörtert werden, die „Relationen". Jedoch ist das Vorausgehende in der Folge von größter Wichtigkeit, wovon der Leser sich bald überzeugen wird.

3.8. Übungen

1. Man gebe ein Beispiel, das sich von den schon behandelten Beispielen unterscheidet, a) für eine einstellige Operation; b) für eine binäre Operation.

2. N sei die Menge der natürlichen Zahlen: $\{1, 2, 3, \ldots\}$. A sei die Menge der positiven geraden Zahlen: $\{2, 4, 6, \ldots\}$. B sei die Menge der positiven ungeraden Zahlen: $\{1, 3, 5, \ldots\}$. C sei die Menge der positiven Zahlen, die Vielfache von 3 sind: $\{3, 6, 9, \ldots\}$. Man führe die folgenden Operationen durch und stelle das Ergebnis auf zwei Arten fest: I. inform einer Liste; II. durch Beschreibung.

a) $A \cap B$;
b) $A \cap C$;
c) $B \cap C$;
d) $N \cap A$;
e) $\phi \cup B$;
f) $N \cap A \cap B$;
g) $A \cap \phi \cap B$;
h) $B \cap N \cap \phi$.

3. In jeder der folgenden Übungen sind zwei Mengen K und L genannt. Man gebe die Relationen an, die zwischen ihnen bestehen (etwa daß K eine echte Untermenge von L sei, oder L eine echte Untermenge von K, oder daß K und L identisch sind, oder disjunkt sind, oder daß sie sich teilweise durchschneiden). In jedem Fall nehme man durch Aufzählung oder Beschreibung den Durchschnitt der beiden Mengen.

a) K: $\{1, 2, 3, \ldots, 10\}$, L: $\{3, 4, 5, 6, 7, 8\}$;
b) K: $\{1, 2, 3, \ldots, 10\}$, L: $\{3, 4, 5, \ldots, 13\}$;
c) K: $\{1, 2, 3, \ldots, 10\}$, L: $\{15, 16, 17, 18, 19, 20\}$;
d) K: $\{1, 2, 3, \ldots, 10\}$, L: $\{1, 2, 3, \ldots, 10\}$;
e) K: $\{$Menge der Menschen$\}$, L: $\{$Menge der sterblichen Lebewesen$\}$.
f) K: $\{$Menge der Vögel$\}$, L: $\{$Menge der fliegenden Lebewesen$\}$.
g) K: $\{$Menge der Zweifüßler$\}$, L: $\{$Menge der Vierfüßler$\}$.
h) K: $\{$Menge der Franzosen$\}$, L: $\{$Menge der Mitglieder des Nationalrates$\}$.

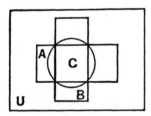

Bild 24

4. Betrachten wir das Diagramm in Bild 24, in dem U die Universalmenge bedeutet, A das längs gestellte, B das hoch gestellte Rechteck und C die Punkte im Inneren des Kreises. In verschiedenen Kopien dieses Diagrammes schraffiere man die den unten angegebenen Mengen entsprechenden Bereiche:

a) $A \cap B$;
b) $A \cap C$;
c) $B \cap C$;
d) $A \cap B \cap C$;
e) $C \cap U$;
f) $A \cap \phi$.

5. A sei die Menge der Punkte einer Geraden λ_1, B die Menge der Punkte auf einer Geraden λ_2. Woraus besteht $A \cap B$, wenn:

a) λ_1 nicht parallel λ_2 ist und $\lambda_1 \ne \lambda_2$;
b) λ_1 parallel λ_2 und $\lambda_1 \ne \lambda_2$;
c) λ_1 und λ_2 zusammenfallen.

3.8. Übungen

6. Man vereinfache die folgenden Ausdrücke:

a) $A \cap (B \cap A)$;   b) $A \cap [(A \cap B) \cap B]$;
c) $\phi \cap (A \cap B)$;   d) $A \cap (U \cap B)$;
e) $(A \cap U) \cap \phi$;   f) $(A \cap B) \cap (B \cap C)$;
g) $(A \cap B) \cap (B \cap A)$;   h) $(A \cap A) \cap (B \cap B)$.

7. Woraus besteht $A \cap B$, wenn:

a) A und B disjunkt sind; b) A und B identisch sind;
c) $A \subseteq B$; d) $A \supset B$; e) A und B sich teilweise überdecken.

8. Man leite die folgenden Ergebnisse ab:

a) Wenn $D \subseteq A$, $D \subseteq B$ und $D \subseteq C$, so gilt $D \subseteq A \cap B \cap C$;
b) $(A \cap B) \cap C \subseteq (A \cap B)$;
c) Wenn $A \cap B = A \cap C$, folgt daraus $B = C$? Durch ein Beispiel soll die gefundene Antwort gerechtfertigt werden.

9. Es sind abzuleiten a) $(A \cap B) \cap C = (A \cap C) \cap B$; b) die allgemeine Aussage, daß der Wert von $A \cap B \cap C$ nicht von der Reihenfolge der Mengen abhängt.

10. Es sei $A = \{1, 2, 3\}$, $B = \{2, 3, 4\}$, $C = \{3, 4, 5\}$ und $D = \{4, 5, 6\}$.

Wir erinnern uns, daß deren Cartesische Produkte mit $A \times A$, $B \times B$, $C \times C$, $D \times D$ bezeichnet werden. Man gebe die folgenden Mengen durch Aufzählung an:

a) $A \cap B$;   b) $B \cap C$;   c) $A \cap C$;
d) $A \cap B \cap C$;   e) $(A \cap B) \cap (C \cap D)$;
f) $(A \times A) \cap (B \times B)$;   g) $(A \times A) \cap (C \times C)$;
h) $(C \times C) \cap (D \times D)$;   i) $(C \times C) \cap (A \times A)$.

11. Man bilde Vereinigung und Durchschnitt für jedes der folgenden Paare von Mengen:

a) $A = \{1, 3, 5\}$, $B = \{2, 4\}$;   b) $A = \{1, 3, 5\}$, $B = \{1, 3, 5\}$;
c) $A = \{1, 3, 5\}$, $B = \{1, 2, 3\}$;   d) $A = \{2, 3, 4\}$, $B = \{2, 4\}$;
e) $A = \{2, 3\}$, $B = \{1, 2, 3\}$;   f) $A = \{2, 4, 6\}$, $B = \{2, 3, 5\}$.

12. N sei die Menge der natürlichen Zahlen $\{1, 2, 3, \ldots\}$, U die Menge der ungeraden natürlichen Zahlen, G die Menge der geraden natürlichen Zahlen und A die Menge $\{1, 2, 3, 4, 5\}$. Man führe die folgenden Berechnungen durch und gebe das Ergebnis auf zwei Arten an:

I. durch Aufzählung (eventuell unvollständig); II. durch Beschreibung.

a) $U \cup N$;   b) $U \cup G$;   c) $G \cup A$;
d) $U \cup A$;   e) $U \cap N$;   f) $U \cap G$;
g) $G \cap A$;   h) $U \cap A$;   i) $(U \cap G) \cup A$;
k) $(G \cup A) \cap U$;   l) $G \cup (A \cap U)$;   m) $U \cap (G \cup A)$.

13. Man vereinfache die folgenden Ausdrücke:

a) $(A \cup B) \cup (B \cup C)$;   b) $(A \cup B) \cup (B \cup A)$;   c) $(A \cup A) \cup (B \cup B)$.

14. Man leite die folgenden Ergebnisse ab:

a) $(A \cup B) \cup C \supseteq (A \cup B)$. Wann und nur wann hat man $(A \cup B) \cup C = A \cup B$?
b) $(A \cup B) \cup C = (A \cup C) \cup B$,
c) $A \cup B = A \cap B$ dann und nur dann, wenn $A = B$.

3. Operationen auf Mengen

15. Woraus besteht $A \cup B$, wenn: a) A und B disjunkt sind; b) A und B identisch sind; c) $A \supset B$; d) $A \subseteq B$; e) A und B sich teilweise überdecken?

16. U sei $\{1, 2, 3, 4, 5\}$, $C = \{1, 3\}$, A und B seien zwei nicht leere Untermengen von U. Man bestimme A in jedem der folgenden Fälle: a) $A \cup B = U$, $A \cap B = \phi$ und $B = \{1\}$; b) $A \supseteq B$ und $A \cup B = \{4, 5\}$; c) $A \cap B = \{3\}$, $A \cup B = \{2, 3, 4\}$ und $B \cup C = \{1, 2, 3\}$; d) A und B sind disjunkt, B und C sind disjunkt und die Vereinigung von A mit B ist die Menge $\{1, 2\}$.

17. Wie groß ist $A \cap (B \cup C)$, wenn:

a) A und B disjunkt sind; b) $B = C$; c) $A \subseteq C$; d) $A \supseteq B$; e) $C = \phi$?

18. Es sei $U = \{1, 2, 3, 4, 5\}$; $A \cap B = \{2, 4\}$; $A \cup B = \{2, 3, 4, 5\}$. $A \cap C = \{2, 3\}$ und $A \cup C = \{1, 2, 3, 4\}$: a) Man gebe A, B und C an; b) Man gebe $A \cap (A \cup B)$, $C \cap (B \cup A)$ an; c) Man gebe $(A \cup B) \cap C$ und $A \cap (B \cap C)$ an; d) Warum ist der Ausdruck $A \cap B \cap C$ zweideutig?

19. Man nehme als Universalmenge $U = \{1, 2, 3, 4, 5\}$ und gebe die Komplemente der folgenden Mengen an:

a) $\{1\}$; b) $\{1, 2\}$; c) $\{1, 3, 5\}$;
d) $\{2, 4\}$; e) $\{1, 2, 3, 4\}$; f) $\{1, 2, 4, 5\}$;
g) $\{2, 3, 4\}$; h) $\{5\}$; i) $\{1, 2, 3, 4, 5\}$;
k) $\{5, 3, 2\}$.

20. Die Universalmenge sei $U = \{1, 2, 3, \ldots, 25\}$. A sei $\{2, 4, 6, \ldots, 24\}$, $B = \{1, 3, 5, \ldots, 25\}$ und $C = \{3, 6, 9, \ldots, 24\}$. Man vervollständige die folgenden Behauptungen:

a) $U' = $; b) $A' = $; c) $B' = $;
d) $C' = $; e) $B \cup C = $; f) $B \cup C' = $;
g) $(A \cup B) \cap C = $; h) $B' \cup A' = $

21. Für jeden der folgenden Fälle kopiere man das Diagramm in Bild 25 und schraffiere die beschriebene Menge. U ist die Universalmenge, A das längs gestellte Rechteck, B das Rechteck in der anderen Richtung und C der Kreis.

a) $C \cup A$; b) $(B \cap A) \cup C$; c) $(B \cap A)$;
d) $(B \cap A)'$; e) $A' \cap C$; f) $C' \cap A$;
g) $(A \cap B) \cap C$; h) $C' \cap B'$; i) $A \cup (B \cap C')$;
k) $A \cap (B \cup C')$; l) $(A \cap B) \cap C'$; m) $(A \cap B) \cup C'$.

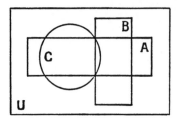

Bild 25

22. Man vereinfache die folgenden Ausdrücke:

a) $(A' \cap B')'$; b) $(A' \cup B')'$; c) $(A' \cup B)'$;
d) $(A \cup B')'$; e) $(A' \cap B)'$; f) $(A \cap B')'$;
g) $(A \cap B) \cup (A' \cap B')$.

3.8. Übungen

23. Für jeden der folgenden Ausdrücke schreibe man die duale Form an:

a) $A \cap B = C$;   b) $A' \cup B' = A$;
c) $A \cup B = U$;   d) $A = (B \subseteq C)'$;
e) $A \supseteq (B \subseteq C)'$;   f) $A \supseteq B$ und $B \supseteq \phi$;
g) $U \cup Z = V$;   h) $(A \cap B) \cap (C \cup D) \subseteq (A \cap C) \cap (B \cup D)$.

24. Welche der Aussagen in Übung 23 sind zu sich selber dual?

25. Wenn die Aussagen in Übung 23 für die Mengen gelten, die in ihnen vorkommen, gelten für diese dann auch die dualen Aussagen?

26. X sei ein Ausdruck der aus Namen für Mengen und den Zeichen $\cap$ und $\cup$ zusammengesetzt ist. d(X) sei die zu X duale Aussage. Wenn zum Beispiel $X = D \cap (B \cup C')$, so ist $d(X) = D' \cup (B' \cap C)$. Man beweise die Aussage $X = d(d(X))$.

27. Mit der Bezeichnungsweise wie in Übung 26 zeige man, daß ein Ausdruck X, der eine der folgenden Relationen erfüllt, zu sich selber dual ist:

a) $X \subseteq d(X)$;   b) $X \supseteq d(X)$;   d) $X = d(X)$.

28. Man gebe die Komplemente der folgenden Mengen an und vereinfache sie, wenn möglich:

a) $(A \cup B)'$;   b) $(A' \cup B')$;   c) $(A \cup (B \cup C)$;
d) $A \cap B$;   e) $A' \cap B'$;   f) $A' \cup (B \cap C)$;
g) $A \cap (B' \cup C)$;   h) $(A' \cap B) \cup (C \cap A)$;
i) $(A' \cap B) \cup (B' \cup C')$;
k) $(A \cap B) \cup (C' \cap D') \cup (E \cap F)$.

29. Für jede der Übungen in 28 ist ein Diagramm zu zeichnen.

30. Man beweise, daß $A = A'$ dann und nur dann, wenn $U = \phi$.

4. Relationen

4.1. Gewöhnliche Relationen

Objekte können zueinander in räumlicher Beziehung stehen oder etwa sich gegenseitig anziehen. Ereignisse können räumlich oder zeitlich, Ideen in einer historischen Weise verknüpft sein. Wir sagen zum Beispiel von zwei Objekten, daß das eine schwerer als das andere sei oder daß sie „gleiches Gewicht haben". Ebenso bringen wir bei zwei Objekten zum Ausdruck, daß das eine ein größeres Volumen besitze als das andere. Von Ereignissen sagt man, daß das eine „vor dem anderen" eintrete oder daß beide „gleichzeitig" eintreffen. Bei zwei Ideen drückt man aus, daß eine davon zur anderen „geführt" habe. Jeder Ausdruck unter Anführungszeichen ist der Name einer speziellen *Relation*.

So gesehen sind Objekte oder Begriffe niemals isoliert. Ob wir uns dessen bewußt sind oder nicht, in den meisten Fällen ziehen wir ihre Relationen zur Umwelt in Betracht. Tatsächlich läßt sich ein Objekt oder ein Begriff erst durch die Gesamtheit seiner Relationen zu anderen Objekten oder Begriffen erfassen. Diese Relationen machen gerade das Wesentliche in unserer Kenntnis von den Dingen aus. In diesem Sinne formen sie folglich einen aller Forschung gemeinsamen Grundbereich. Besonders die Mathematiker rücken diese allgemeine Notwendigkeit der Erfassung und Untersuchung von Relationen ins rechte Licht. Was der Mathematiker untersucht, sind die Relationen zwischen den verschiedenen mathematischen Objekten. Beim Studium der natürlichen Zahlen zum Beispiel trifft man unter anderem auf Relationen wie „ist Nachfolger von", „ist Vorgänger von", „ist teilbar durch", „ist ein Vielfaches von", „hat keinen gemeinsamen Teiler mit". In der Geometrie fragt sich der Mathematiker, ob eine Gerade „parallel zu einer anderen ist" oder ob sie „senkrecht dazu ist", ob „zwei Dreiecke ähnlich sind", ob „zwei Figuren gleich sind". Man lernt dabei auch Relationen kennen, wie „ein Satz folgt aus einem anderen" oder „ein Satz hat einen anderen zur Folge" oder „ist mit einem anderen Satz verträglich". In der Mengentheorie haben wir bereits die Relationen der „Zugehörigkeit" und des „Enthaltenseins" kennengelernt, ebenso wie die der „Gleichheit" usw.

Der Begriff der Relation ist für die Mathematik von fundamentaler Bedeutung. Es ist daher wichtig, davon eine präzise Vorstellung zu gewinnen. Wir erfassen diesen Begriff exakt mit Hilfe des Mengenbegriffes und des Begriffes des geordneten Paares. Als erstes sei bemerkt, daß unsere Beispiele die Aussage nahelegen, eine Relation verknüpfe gewisse Elemente einer Menge nach einer bestimmten Regel.

Die Relation „ist kleiner als" zum Beispiel verknüpft die Elemente der Menge der natürlichen Zahlen nach der folgenden Regel: Sie verbindet 1 mit 2, 1 mit 3, 2 mit 3, usw. Im allgemeinen verbindet sie jede Zahl y mit jeder Zahl x, vorausgesetzt

4.1. Gewöhnliche Relationen

daß y kleiner ist als x. Natürlich haben hier die Variablen x und y die Menge der natürlichen Zahlen als Bereich. Man beachte, daß wegen 2 nicht kleiner als 1, wir auch nicht sagen können, „kleiner als" verbinde 2 mit 1.

Untersuchen wir zunächst einmal anstelle der mathematischen Relationen andere, die uns vertrauter sind. „Ist Vater von" ist so eine Relation, sie verbindet Karl VII mit Ludwig XI, Heinrich VIII mit Elisabeth von England, sie verbindet einen Vater mit jedem von seinen Kindern. Jedoch können wir hier die Wortstellung nicht umkehren und sagen, die Relation verbinde Elisabeth mit Heinrich VIII. Daraus folgt, daß die durch die Relation verbundenen Paare geordnet sind. Fassen wir alle Paare zusammen, die vermöge einer Relation geordnet sind, so erhalten wir eine Menge von geordneten Paaren. Das führt uns dazu, jede Relation als Menge von geordneten Paaren aufzufassen.

Die Relation „ist Bruder von" assoziiert Kain mit Abel, aber ebenso Abel mit Kain. Wir sagen, die Relation „ist Bruder von" sei sowohl für das Paar (Kain, Abel) als auch für das Paar (Abel, Kain) erfüllt. Die Relation „ist Vater von" hingegen ist für das Paar (Ludwig XI, Karl VII) erfüllt, für das Paar (Karl VII, Ludwig XI) jedoch nicht.

Mit einiger Unruhe fragen wir uns nun aber doch, warum wir eine Reihenfolge zulassen, die gerade umgekehrt ist zur grammatikalischen Reihenfolge in dem Satz „Karl VII ist der Vater von Ludwig XI". Einen wirklichen Vorteil vor der anderen hat aber keine der möglichen Schreibweisen. Der Leser sei gebeten, sich die angegebene Reihenfolge zur Gewohnheit zu machen, dann sind auch unsere Schreibgewohnheiten gerechtfertigt. Eine andere Rechtfertigung als die Gewohnheit ist auch für eine andere Wahl der Reihenfolge nicht gegeben, da zum Beispiel Relationen wie „ist Bruder von" sowohl vom Paar (Kain, Abel) als auch vom Paar (Abel, Kain) erfüllt sind. Diese Relation ist eben unabhängig von der Anordnung.

Eine letzte Bemerkung: Manchmal können wir alle geordneten Paare, die eine gegebene Relation erfüllen, aufzählen. Die Verwendung dieser Aufzählung ist ebenso bequem wie die Angabe der Relation selbst. Betrachten wir nochmals die Relation „ist Vater von". Das geordnete Paar (x, y) ist Element der aufgezählten Menge dann und nur dann, wenn y der Vater von x ist.

Und nun ein Beispiel aus der Mathematik. Betrachten wir die Menge $\{1, 2, 3, 4, 5, 6\}$ und die Relation „ist Teiler von". Wir sehen, daß diese Relation von dem geordneten Paar (6, 3) erfüllt ist, und daß wir durch Probieren eine vollständige Aufzählung der entsprechenden Paare geben können:

$$
\begin{array}{cccccc}
 & & & & & (6,6) \\
 & & & & (5,5) & \\
 & & & (4,4) & & \\
 & & (3,3) & & & (6,3) \\
 & (2,2) & & (4,2) & & (6,2) \\
(1,1) & (2,1) & (3,1) & (4,1) & (5,1) & (6,1)
\end{array}
$$

In dieser Tabelle wurde nichts ausgelassen und nichts wiederholt. Darin sind alle die Relation erfüllenden Paare enthalten. Diese Aufzählung ist ebenso bequem wie die Angabe der Relation selbst.

Unsere Überlegungen haben uns verschiedene Eigentümlichkeiten von Relationen gezeigt. Sie erweisen sich als eine Zusammenfassung geordneter Paare, deren Elemente zu einer Menge gehören. Im folgenden wird gezeigt, wie man diese Glieder zusammenfaßt und wie der Begriff der „Relation" präzisiert wird.

4.2. Mathematische Relationen

$\mathcal{D}$ sei eine Menge. Von einer Relation zwischen Elementen von $\mathcal{D}$ sagt man, es handle sich um eine Relation in $\mathcal{D}$. Wir erinnern uns vorerst an die beiden folgenden Tatsachen: 1. Eine Relation in $\mathcal{D}$ kann man als Menge geordneter Paare auffassen, die aus Elementen von $\mathcal{D}$ gebildet sind. 2. Alle Paare, die man aus den Elementen von $\mathcal{D}$ bilden kann, ergeben das Cartesische Produkt $\mathcal{D} \times \mathcal{D}$. Eine Relation in $\mathcal{D}$ läßt sich also als Untermenge von $\mathcal{D} \times \mathcal{D}$ auffassen. Aus diesem Grund trifft man, was den Begriff „Relation" betrifft, die folgende Vereinbarung über eine Relation R in $\mathcal{D}$:

R *ist eine Relation in* $\mathcal{D}$, *wenn* R *eine Teilmenge von* $\mathcal{D} \times \mathcal{D}$ *ist*. Das heißt also, die Relationen in einer Menge E und die Untermengen des Cartesischen Produktes E × E sind identisch. Auf diese Weise ist der Begriff der „Relation" mit Hilfe des Begriffes der Menge und des Begriffes des geordneten Paares präzisiert worden. Dieser Umstand erlaubt auch eine Präzisierung der Redeweise „ein geordnetes Paar gehört zu einer Relation (oder erfüllt eine Relation)".

x sei eine Variable mit dem Bereich $\mathcal{D}$. y sei eine Variable mit demselben Bereich. (x, y) ist dann irgendein Element des Cartesischen Produktes, und wir sagen:

(x, y) genügt der Relation R, wenn (x, y) $\in$ R.

In der Mathematik kennt man noch andere Arten, um auszudrücken, daß (x, y)$\in$R. Man sagt auch häufig „x ist mit y durch R verbunden", eine Redeweise, die durch „yRx" symbolisiert wird. Oder man sagt „y entspricht x gemäß R". Wir betrachten „yRx" als grammatikalische Form einer Relation, während der Ausdruck (x, y) $\in$ R darauf hinweisen soll, daß es sich dabei um eine Menge handelt.

Jedes Paar (x, y) der Relation R hat als erstes Element x und als zweites Element y. x, y sind Elemente von $\mathcal{D}$. Wir wollen diese Elemente trennen und einzeln zusammenfassen, die x einerseits, die y andererseits. Beide Zusammenfassungen ergeben Untermengen von $\mathcal{D}$, deren Bedeutung in der Untersuchung von Relationen es rechtfertigt, sie mit einem eigenen Namen zu belegen. Als *Vorbereich* von R bezeichnet man die Menge aller x, für die es ein y gibt mit (x, y) $\in$ R. Der *Nachbereich* von R ist die Menge aller y, für die es ein x gibt, so daß (x, y) $\in$ R.

4.2. Mathematische Relationen

In 4.1 hatten wir anhand der Menge $\{1, 2, 3, 4, 5, 6\}$ die Relation „ist teilbar durch" definiert. Daraufhin wurde die Menge der geordneten Paare aufgezählt, die zu dieser Relation gehören. Zeigen wir nun vorerst, daß für die Menge R gilt

$$R \subseteq \{1, 2, 3, 4, 5, 6\} \times \{1, 2, 3, 4, 5, 6\}.$$

Zu diesem Zweck konstruieren wir das Cartesische Produkt $\mathcal{D} \times \mathcal{D}$ und unterstreichen in ihm alle Paare, die zu R gehören.

Wir erhalten so die folgende Tafel, in der die fettgedruckten Paare das in Abschnitt 4.1 dargestellte Dreieck ergeben.

```
6  (1,6) (2,6) (3,6) (4,6) (5,6) (6,6)
5  (1,5) (2,5) (3,5) (4,5) (5,5) (6,5)
4  (1,4) (2,4) (3,4) (4,4) (5,4) (6,4)
3  (1,3) (2,3) (3,3) (4,3) (5,3) (6,3)
2  (1,2) (2,2) (3,2) (4,2) (5,2) (6,2)
1  (1,1) (2,1) (3,1) (4,1) (5,1) (6,1)
    1     2     3     4     5     6
```

Weit einfacher ist es, R als Menge von geordneten Paaren darzustellen, indem man in der graphischen Darstellung des Cartesischen Produktes jene Punkte wegläßt, die die Relation R nicht erfüllen, was in Bild 26 getan wurde.

Bild 26

Um dieses Bild anzufertigen, kann man so vorgehen: Bei jeder Ecke eines Quadrates fragt man sich, ob der betreffende Punkt zu R gehört oder nicht. Wenn es sich wie im vorliegenden Fall, um eine leicht nachweisbare Relation R in einer endlichen Menge $\mathcal{D}$ von nur wenigen Elementen handelt, so führt dieses Verfahren leicht zum Ziel. Es gibt aber sicher viel kompliziertere Fälle.

Das gewonnene Bild nennen wir *Schaubild der Relation* R. Projiziert man die Punkte der Tafel auf die Achsen, so erhält man auf der Abszissenachse den *Vorbereich*, auf der Ordinatenachse den *Nachbereich* der Relation R. Zur Bestimmung des Vorbereiches ist es jedoch manchmal einfacher, jene Punkte festzustellen, die mindestens einen Punkt in der entsprechenden Spalte besitzen, während man den Nachbereich erhält, indem man jene Punkte betrachtet, die mindestens einen Punkt auf der entsprechenden Zeile besitzen. Im vorliegenden Beispiel ist der Vorbereich wie der Nachbereich gleich $\{1, 2, 3, 4, 5, 6\}$. Vorbereich und Nachbereich sind hier identisch und gleich der Menge $\mathcal{D}$, in der die Relation R besteht. Wie man an anderen Beispielen ersieht, ist dies jedoch nicht immer der Fall.

4.3. Darstellung von Relationen in endlichen Mengen

Relationen im Sinne des Wortes, den wir ihm gegeben haben, sind Mengen. Daher gelten alle Aussagen, die wir bisher über Mengen gemacht haben, auch für Relationen. Insbesondere haben sie dieselben Eigenschaften wie Mengen und man kann mit ihnen dieselben Operationen durchführen.

Am Anfang des Buches haben wir festgestellt, daß man eine Menge als Zusammenfassung darstellen *(Aufzählung)* oder durch Angabe einer charakteristischen Eigenschaft beschreiben kann *(Beschreibung)*. Ebenso läßt sich eine Relation auffassen, sei es als Zusammenfassung von Elementen, die geordnete Paare sind (Aufzählung), oder sei es, daß man die Elemente nur dadurch angibt, daß man eine für sie charakteristische Eigenschaft festsetzt (Beschreibung). Eine Relation läßt sich demnach aufzählen oder durch Worte oder Symbole beschreiben. Zum Beispiel definieren wir eine Menge $\mathcal{D}$, identifizieren den Bereich der Variablen x und y mit $\mathcal{D}$ und bezeichnen (x, y) als Element des Cartesischen Produktes $\mathcal{D} \times \mathcal{D}$, dann läßt sich eine Relation R so spezifizieren:

R ist die Relation in $\mathcal{D}$, für die gilt, $(x, y) \in R$ dann und nur dann, wenn ..., wobei im folgenden Satz x und y vorkommen. Symbolisch läßt sich dies so formulieren:

$$R = \{(x, y) \mid P\} \quad \text{oder besser} \quad R = \{w \mid w = (x, y) \text{ und } P\}$$

Dabei ist P ein Satz, in dem x und y vorkommen. Zum Beispiel

$$R = \{(x, y) \mid x + y - 1 = 0\}.$$

Das Paar $(x, y) = (2, -1)$ genügt beispielsweise dieser Relation, da $2 + (-1) - 1 = 0$, während dies für $(x, y) = (2, 1)$ nicht gilt, da $2 + 1 - 1 \neq 0$. Um die entsprechenden Paare zusammenzufassen, muß man die Paare ganzer Zahlen der Reihe nach überprüfen, ob für sie der Satz richtig ist oder nicht.

Nehmen wir umgekehrt an, es liege ein Satz vor, der die Variablen x und y enthält. Nun betrachten wir zwei Objekte aus der Menge $\mathcal{D}$ und bilden mit diesen Objekten den Satz P, indem wir sie für x und y einsetzen. Dann können wir fragen, ob der Satz richtig ist oder nicht. Ist er richtig, so behalten wir das Objektepaar, anderenfalls weisen wir es zurück. Auf diese Weise läßt sich eine Menge von geordneten Paaren finden. Jeder Satz, der x und y enthält, bestimmt also eine Relation R in der Menge $\mathcal{D}$.

Wir können sogar noch einen Schritt weiter gehen. $\mathcal{D}$ sei eine Menge und P ein Satz mit den Variablen u und v. Wir ersetzen in P zuerst u durch x und v durch y. Das liefert eine Relation Q_1. Ersetzen wir hingegen u durch y und v durch x, so erhalten wir eine Relation Q_2, die von der vorhergehenden verschieden sein kann, aber nicht muß. Folglich kann jeder Satz P zwei Relationen in $\mathcal{D}$ definieren.

4.3. Darstellung von Relationen in endlichen Mengen

In zahlreichen Fällen läßt sich eine Relation durch eine explizite Aufzählung ihrer Elemente ersetzen.

In den meisten Fällen ist es aber bequemer, wenn man sich ein Schaubild anfertigt. Diese Methode ist immer dann anwendbar, wenn die Menge $\mathcal{D}$ durch eine Punktmenge auf einer Geraden dargestellt werden kann. Das Schaubild besteht dann aus den Punkten, die von dem zur Darstellung von $\mathcal{D} \times \mathcal{D}$ verwendeten Gitter noch übrigbleiben.

Die Form des Schaubildes von R hängt von der Art der Relation R und von der Menge $\mathcal{D}$ ab. Die Menge $\mathcal{D}$ aus 4.1 zum Beispiel hatte so wenige Elemente, daß man die Punkte des entsprechenden Gitters leicht überschauen konnte. Manchmal aber läßt sich nur ein unvollständiges Schaubild konstruieren, das dann mit Hilfe einer Beschreibung zu vervollständigen ist.

Wir beschränken uns auf einige einfache Relationen, um mit deren Schaubildern vertraut zu werden. Für $\mathcal{D}$ nehmen wir vorläufig immer die Menge $\{1, 2, 3, 4, 5, 6\}$. Es folgen einige Beispiele:

R = { (x, y) | y ist Teiler von x } (Bild 27);
M = { (x, y) | y ist ein Vielfaches von x } (Bild 28);
R ∪ M = { (x, y) | y ist ein Teiler oder ein Vielfaches von x } (Bild 29);

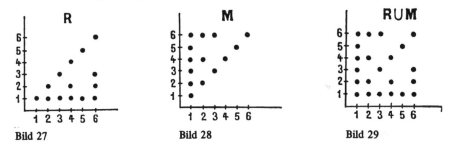

Bild 27　　　　Bild 28　　　　Bild 29

S sei die Relation, für die (x, y) ∈ S dann und nur dann, wenn „y ist größer als x" gilt (Bild 30);

E = { (x, y) | y = x } (Bild 31);

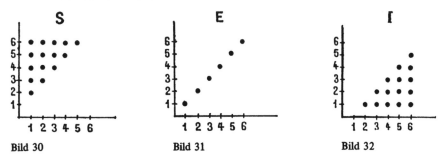

Bild 30　　　　Bild 31　　　　Bild 32

I sei die Relation, für die (x, y) ∈ I dann und nur dann, wenn „y ist kleiner als x" gilt (Bild 32).

S ∪ I = {(x, y) | P oder Q }   (Bild 33);
S ∩ I = {(x, y) | P und Q }   (Bild 34).

P steht für „x größer als y", Q für „x kleiner als y".

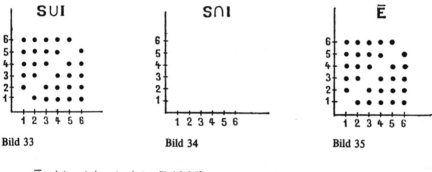

Bild 33   Bild 34   Bild 35

$\bar{E}$ = {(x, y) | y ≠ x }[1])   (Bild 35);
S ∪ E = {(x, y) | y ist größer oder gleich x }   (Bild 36);
I ∪ E = {(x, y) | y ist kleiner oder gleich x }   (Bild 37);
R ∪ $\bar{E}$ = {(x, y) | y ist Teiler von x oder nicht gleich x}   (Bild 38).

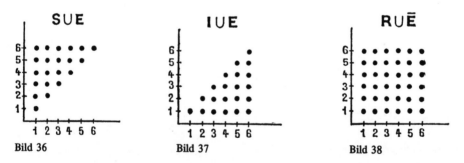

Bild 36   Bild 37   Bild 38

Anhand einiger Schaubilder lassen sich mehrere interessante Merkmale aufzeigen In jedem davon haben wir den Vorbereich D und den Nachbereich C der Relation angegeben. Einige der Schaubilder sind untereinander gleich, obwohl sie verschieden definierte Relationen darstellen.

Die Darstellung zeigt, daß E und $\bar{E}$ komplementäre Mengen sind. Es gibt also komplementäre Relationen. Die Relation in Bild 29 ist sowohl ihrem Schaubild, als auch ihrer Beschreibung nach eine Vereinigung von Mengen, nämlich R ∪ M.

[1]) $\bar{E}$ bezeichnet hier das Komplement von E.

Bildet man das Spiegelbild von R bezüglich der Hauptdiagonalen des Achsenkreuzes, so erhält man das Schaubild von M. Für diese Eigenschaft gibt es noch weitere Beispiele in den Bildern 30, 32, 33, 35, 36 und 37. Es handelt sich dabei offensichtlich um Beispiele für zueinander inverse Relationen.

Schließlich zeigen einige Relationen eine Symmetrie bezüglich der Hauptdiagonale, zum Beispiel R ∪ M. Solche Relationen heißen symmetrisch. Wir werden uns mit ihnen später noch eingehend beschäftigen.

4.4. Darstellung von Relationen in unendlichen Mengen

An Stelle der Menge $\{1, 2, 3, 4, 5, 6\}$ betrachten wir nun die Menge N der natürlichen Zahlen. Eine Besonderheit dieser Menge ist, daß sie ein erstes Element, aber kein letztes hat. Es ist eine unendliche Menge. Die Schaubilder von Relationen in N werden daher im allgemeinen unvollständig sein. Zum Beispiel haben die Relationen

$S_1 = \{(x, y) \mid (x, y) \in N \times N$ und y ist größer als x $\}$ (Bild 39);
$E_1 = \{(x, y) \mid (x, y) \in N \times N$ und y = x $\}$ (Bild 40);
$I_1 = \{(x, y) \mid (x, y) \in N \times N$ und y ist kleiner als x $\}$ (Bild 41).

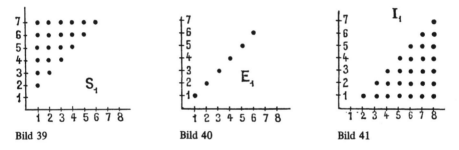

Bild 39 Bild 40 Bild 41

notwendigerweise unvollständige Schaubilder, die denen der Relationen S, E, I ähnlich sind (Bild 39, 40, 41).

Betrachten wir nun die Erweiterung der Menge N zur Menge der ganzen Zahlen G. Diese hat weder ein erstes noch ein letztes Element. Hier erscheinen die drei neuen Relationen:

$S_2 = \{(x, y) \mid (x, y) \in G \times G$ und y ist größer als x $\}$ (Bild 42);
$E_2 = \{(x, y) \mid (x, y) \in G \times G$ und y = x $\}$ (Bild 43);
$I_2 = \{(x, y) \mid (x, y) \in G \times G$ und y ist kleiner als x $\}$ (Bild 44).

Wir können nun weiter fortfahren und die Menge G durch die Menge der reellen Zahlen D ersetzen. Die entsprechenden Relationen lauten dann:

$S_3 = \{(x, y) \mid (x, y) \in D \times D$ und y ist größer als x $\}$ (Bild 45);
$E_3 = \{(x, y) \mid (x, y) \in D \times D$ und y = x $\}$ (Bild 46);
$I_3 = \{(x, y) \mid (x, y) \in D \times D$ und y ist kleiner als x $\}$ (Bild 47).

4. Relationen

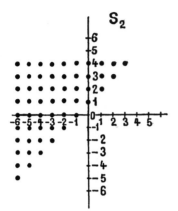

Bild 42

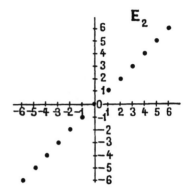

Bild 43

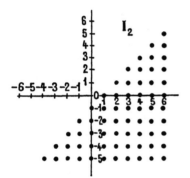

Bild 44

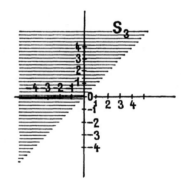

Bild 45

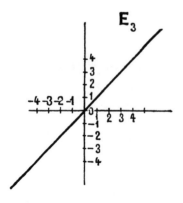

Bild 46

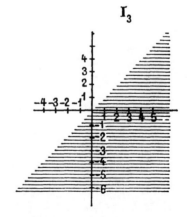

Bild 47

4.4. Darstellung von Relationen in unendlichen Mengen

Die Punkte des Gitters von D × D lassen sich jedoch graphisch nicht mehr so zweckmäßig darstellen. Die Schaubilder S_3 und I_3 sind Halbebenen geworden, bei denen die Begrenzung fehlt, denn die Diagonale gehört nicht dazu. Das Schaubild von E_3 ist die Diagonale selbst (Bild 46).

Natürlich gibt es zahlreiche andere Relationen. Einige von ihnen haben bekannte Schaubilder. Im folgenden soll auf diese Schaubilder eingegangen werden.

Wir betrachten in der Menge D der reellen Zahlen die Relation $x - 3y - 2 = 0$. Mit anderen Worten: Wenn x und y die Menge D als Bereich haben, so handelt es sich um die Relation

$$\Delta = \{(x, y) \mid (x, y) \in D \times D \text{ und } x - 3y - 2 = 0\}.$$

Ersetzt man x und y durch numerische Werte, so gilt zum Beispiel

$(-4, -2) \in \Delta$, $(-1, -1) \in \Delta$, $(2, 0) \in \Delta$, $(5, 1) \in \Delta$.

Wir zeichnen diese Paare im Cartesischen Produkt D × D und erkennen, daß die vier entsprechenden Punkte auf einer Geraden liegen (Bild 48). Daraus schließt man, daß das vollständige Schaubild von Δ eine Gerade durch diesen Punkt darstellt. Zeichnen wir ein Stück von dieser Geraden (Bild 48), so erhalten wir zahlreiche weitere Punkte von D × D, das heißt, zahlreiche weitere geordnete Paare. Diese genügen alle der Relation, zum Beispiel gilt dies für

$(1, -1/3) \in \Delta$, $(0, -3/2) \in \Delta$.

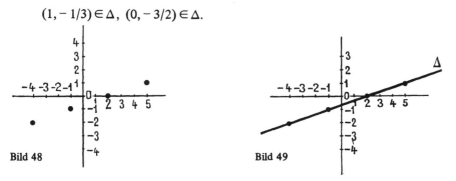

Bild 48

Bild 49

Offensichtlich kann man das Schaubild von Δ niemals vollständig zeichnen, denn man kann das Gitter D × D niemals vollständig darstellen. Auch kann man nicht alle vom Schaubild erfaßten Punkte auf ihre Zugehörigkeit zur Relation überprüfen. In diesem Falle lassen wir das Schaubild unvollständig und fügen als kurze Beschreibung hinzu: *Das Schaubild von Δ ist eine Gerade* (Bild 49).

An Stelle der Relation Δ kann man auch von einem Ausdruck für y als Funktion von x ausgehen, um einige Punkte der Geraden zu bestimmen:

$$y = \frac{x}{3} - \frac{2}{3} \tag{1}$$

(d. h. „Δ wird nach y aufgelöst"). Diesen Ausdruck benützen wir, um eine Liste geordneter Paare (x, y) aufzustellen, indem wir y für gewisse Werte von x berechnen:

x	y
−4	−2
−1	−1
2	0
5	1

Diese Tabelle könnte beliebig verlängert werden. Gleichung (1) zeigt ja gerade, daß jeder reellen Zahl x eine reelle Zahl y zugeordnet ist und umgekehrt, was die Bemerkung bezüglich des Vorbereiches und des Nachbereiches der Relation Δ an Hand des Bildes 49 rechtfertigt.

P sei nun eine neue Relation in D, bei der $(x, y) \in P$ *dann und nur dann*, wenn $x - y^2 = 0$. Wir betrachten also die Relation

$$\{ (x, y) \mid (x, y) \in D \times D \text{ und } x - y^2 = 0 \}$$

deren Schaubild wir untersuchen wollen. Dabei dürfen wir y jeden möglichen Wert aus D zuweisen. Man findet leicht, daß für die folgenden geordneten Paare gilt:

$(4, -2) \in P$, $(1, -1) \in P$, $(0, 0) \in P$, $(1, 1) \in P$, $(4, 2) \in P$.

Man sieht auch ein, daß sich unbegrenzt viele Wertepaare für x und y finden lassen. Beim Einzeichnen dieser fünf Punkte in das Gitter D × D erinnert man sich an die Existenz einer nicht begrenzten Kurve, die diese Punkte enthält (Bild 50). (Wir werden später sehen, daß diese Kurve eine *Parabel* ist). Um andere Punkte zu finden, könnte man die Relation nach x auflösen (das ist in diesem Fall leichter)

$$x = y^2 \qquad (2)$$

und eine neue Tabelle aufstellen

y	y² oder x
−2	4
−1	1
0	0
1	1
2	2

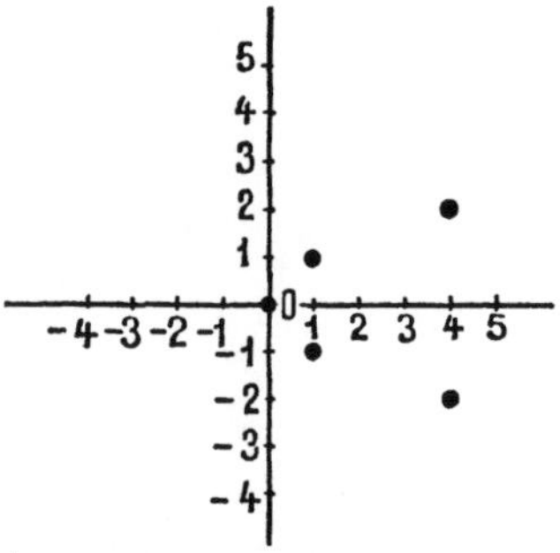

Bild 50

Auch diese Tabelle ließe sich ohne Ende erweitern. Man erhielte dabei immer neue geordnete Paare (x, y), aber niemals alle (Bild 51).

Kurz soll noch auf die folgenden Relationen eingegangen werden:

$$C = \{ (x, y) \mid (x, y) \in D \times D \text{ und } x^2 + y^2 - 25 = 0 \}$$

4.4. Darstellung von Relationen in unendlichen Mengen

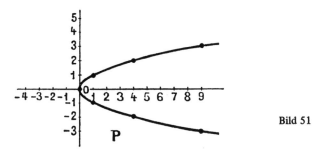

Bild 51

wird dargestellt durch einen *Kreis* mit dem Zentrum in (0, 0) und dem Radius 5,

$\Gamma = \{(x, y) \mid (x, y) \in D \times D \text{ und } x^2 + y^2 \text{ kleiner oder gleich } 4\}$

ist eine *Kreisscheibe* (einschließlich Rand) mit dem Zentrum in (0, 0) und dem Radius 2,

$R = \{(x, y) \mid (x, y) \in D \times D \text{ und x zwischen 1 und 3, y zwischen 2 und 5}\}$,
dargestellt durch das Innere eines Rechteckes,

$L = \{(x, y) \mid (x, y) \in D \times D \text{ und } y = x, \text{ wenn x nicht negativ ist, } y = -x, \text{ wenn x nicht positiv ist}\}$, ergibt sich als Halbdiagonale des ersten und zweiten Quadranten (Bild 52).

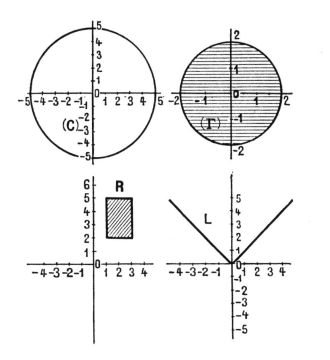

Bild 52

4.5. Komplementäre und inverse Relation

Jede Relation in $\mathcal{D}$ ist eine Untermenge R von $\mathcal{D} \times \mathcal{D}$. Jede Untermenge R von $\mathcal{D} \times \mathcal{D}$ hat auch ein Komplement $\overline{R}$ in $\mathcal{D} \times \mathcal{D}$. Diese Menge enthält alle Elemente von $\mathcal{D} \times \mathcal{D}$, die nicht Elemente von R sind. Da $\overline{R}$ eine in $\mathcal{D} \times \mathcal{D}$ enthaltene Menge ist, ist $\overline{R}$ ebenfalls eine Relation in $\mathcal{D}$. P sei ein Satz, der die Variablen x und y enthält, und es gelte

$$R = \{(x, y) \mid P\},$$

so ist

$$\overline{R} = \{(x, y) \mid \text{nicht } P\}.$$

Als Mengen aufgefaßt sind R und $\overline{R}$ disjunkt. Ihre Vereinigung ist gerade $\mathcal{D} \times \mathcal{D}$. Somit genügt jedes Paar $(x, y) \in \mathcal{D} \times \mathcal{D}$ einer und nur einer der Relationen R oder $\overline{R}$. Man nennt $\overline{R}$ die zu R *komplementäre Relation*.

In 4.3 haben wir das Schaubild der Relationen E und $\overline{E}$ dargestellt. E bedeutete „ist gleich", $\overline{E}$ bedeutete „ist nicht gleich". Die Schaubilder zeigten, daß die Relationen E und $\overline{E}$ zueinander komplementär sind. Ebenso sieht man, daß „ist kleiner als" (I) die Relation „ist größer oder gleich" (S $\cup$ E) als komplementäre Relation besitzt.

Es folgen weitere Beispiele für komplementäre Relationen:
„ist schwerer als" und „ist nicht schwerer als";
„ist verwandt mit" und „ist nicht verwandt mit";
„ist Teiler von" und „ist nicht Teiler von";
„ist senkrecht mit" und „ist nicht senkrecht mit".

Die Komplementbildung ist nur eine der Operationen der Mengenalgebra, die man auf eine Relation in $\mathcal{D}$ ausführen kann. Auch die Bildung der Vereinigung und des Durchschnitts können von einer Relation R mit Hilfe einer weiteren Relation T

$$T = \{(x, y) \mid Q\}$$

zu neuen Relationen

$$R \cap T = \{(x, y) \mid P \text{ und } Q\},$$
$$R \cup T = \{(x, y) \mid P \text{ oder } Q\}$$

führen. $R \cap T$ und $R \cup T$ sind als Untermengen von $\mathcal{D} \times \mathcal{D}$ mit Sicherheit Relationen. Geht man davon aus, daß

$$\mathcal{D} \times \mathcal{D} \subseteq \mathcal{D} \times \mathcal{D} \text{ und } \phi \subseteq \mathcal{D} \times \mathcal{D}$$

so können wir auch $\mathcal{D} \times \mathcal{D}$ und ϕ als Relationen in $\mathcal{D}$ zulassen. $\mathcal{D} \times \mathcal{D}$ ist eine Art „universelle Relation", da jedes Paar zu ihr gehört, während ϕ eine Art „leere Relation" darstellt, da kein Paar zu ihr gehört. Es ist somit klar, daß die Relationen in $\mathcal{D}$ eine Algebra bilden, die analog zur Mengenalgebra ist.

4.5. Komplementäre und inverse Relationen

Betrachten wir nochmals eine Relation R in $\mathfrak{D}$. Das Schaubild dieser Relation spiegeln wir an der Hauptdiagonale. Jedes Paar $(x, y) \in R$ soll in das Paar (y, x) übergehen. Die Menge dieser umgeordneten Paare ist eine Untermenge von $\mathfrak{D} \times \mathfrak{D}$ und daher selbst wieder eine Relation (Bild 53) in $\mathfrak{D}$. Man nennt sie die zu R *inverse Relation*.

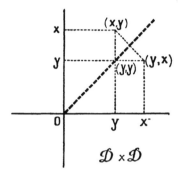

Bild 53

Wir brauchen nicht auf das Schaubild von R zurückgehen, um die zu R inverse Relation zu definieren. Man kann sich auch auf die folgende Beschreibung beschränken: (x, y) gehört zu der zu R inversen Relation, wenn (y, x) zu R gehört. Mit anderen Worten:

x ist mit y gemäß R dann und nur dann verknüpft, wenn y mit x durch die zu R inverse Relation verknüpft ist.

Formal ergibt sich:

R sei eine Relation in $\mathfrak{D}$, die durch

$R = \{(x, y) \mid P\}$

symbolisiert wird, wobei P ein Satz ist, der die Variablen x und y enthält. Die zu R komplementäre Relation ist

$\overline{R} = \{(x, y) \mid \text{nicht } P\}$

und die zu R inverse Relation ist

$R^* = \{(x, y) \mid P^*\}$

wobei P* der Satz ist, den man aus P durch Vertauschen von x mit y erhält.

Bei den Mengen der Schaubilder in 4.3 haben wir bereits bemerkt, daß infolge der Symmetrie bezüglich der Hauptdiagonale das Schaubild von R in das von M, das Schaubild von S in das von I übergeht. M ist daher die zu R inverse Relation, umgekehrt ist R invers zu M. S ist die zu I inverse Relation und umgekehrt. Der Wechsel von x und y wird oft durch eine neue sprachliche Ausdrucksweise ersetzt: „ist ein Teiler von" (R) geht über in „ist ein Vielfaches von" (M), „ist größer als" (S) geht über in „ist kleiner als" (I).

Es wurde auch bereits bemerkt, daß einige Schaubilder symmetrisch bezüglich der Hauptdiagonale von $\mathfrak{D} \times \mathfrak{D}$ sind. Die entsprechende Relation ist dann zu sich selbst invers. Ein Beispiel dafür ist $S \cup I$.

Noch einige Beispiele: „ist enthalten in" ist invers zu „enthält", „geht voraus" invers zu „folgt". Die Relation „überdeckt teilweise" ist invers zu sich selbst, ebenso „ist senkrecht zu". Auf die folgenden Schwierigkeiten muß jedoch geachtet werden: „ist Bruder von" ist nicht zu sich selbst invers. Es ist ja möglich, daß ein Knabe eine Schwester hat. Wenn ein Knabe aber einen Bruder hat, so ist natürlich jeder der beiden Knaben der Bruder des anderen. Die Relation „ist Bruder von" überdeckt die zu ihr inverse Relation daher teilweise.

4.6. Mathematische Nomenklatur

Gegeben sei die Relation

$R = \{(x, y) \mid P\}$.

Wie inzwischen bekannt, erhält man durch Vertauschen von x mit y aus dem Satz P einen neuen Satz P* und eine neue Relation

$R^* = \{(x, y) \mid P^*\}$.

Jeder Satz, der zwei Variable enthält, bestimmt daher zwei Relationen. Es sei Q ein Satz mit den beiden Variablen u und v:

Q: $2v - 3u + 1 = 0$.

Ersetzen wir hier „u" durch „x" und „v" durch „y", so erhalten wir den ersten Satz

Q_1: $2y - 3x + 1 = 0$,

und dazu eine erste Relation

$P_1 = \{(x, y) \mid 2y - 3x + 1 = 0\}$.

Ersetzen wir jedoch „v" durch „x" und „u" durch „y", so erhalten wir den zweiten Satz

Q_2: $2x - 3y + 1 = 0$

und eine zweite Relation

$P_2 = \{(x, y) \mid 2x - 3y + 1 = 0\}$

Die beiden Relationen P_1 und P_2 sind in diesem Fall verschieden. Nehmen wir die Menge D der reellen Zahlen als Bereich für die Variablen x und y, so sehen wir, daß das geordnete Paar (3, 4) wohl die Relation P_1 erfüllt, $(3, 4) \in P_1$, aber nicht die Relation P_2, $(3, 4) \notin P_2$.

Die Relationen P_1 und P_2 sind zueinander invers.

4.6. Mathematische Nomenklatur

Wir haben bisher für die zu R inverse Relation die Bezeichnung R* benutzt. Dies werden wir in Zukunft jedoch selten tun. Die Bezeichnungsweise deutet darauf hin, daß die Bildung der zu einer Relation inversen Relation eine einstellige Operation ist, die zu einer neuen Untermenge $\mathscr{D} \times \mathscr{D}$ führt. Besitzt R ein Schaubild, so erhält man das Schaubild von R* durch Spiegelung bezüglich der Hauptdiagonalen. Somit ist klar, daß (R*)* = R. Die Operation *, die wir auch als „Inversion" bezeichnen, ist der Komplementbildung sehr ähnlich. Der Nachbereich von R* ist der Vorbereich von R und umgekehrt. Zu unseren Beispielen von 4.3 zurückkehrend können wir nun schreiben

$$R^* = M, \quad M^* = R, \quad S^* = I; \quad I^* = S, \ldots \quad E^* = E, \quad \bar{E}^* = \bar{E}, \ldots$$

Diese letzten Bemerkungen veranlassen uns, einen Kommentar zur mathematischen Bezeichnungsweise anzufügen. Wir hatten bereits Gelegenheit, Relationen in der Form

$E = \{(x, y) \mid y \text{ ist gleich } x\}$,
$I = \{(x, y) \mid y \text{ ist kleiner als } x\}$

zu betrachten. Wir fügen noch die Relation

$K = \{(x, y) \mid y \text{ ist kleiner oder gleich } x\}$

hinzu, die wir früher mit $E \cup I$ bezeichnet haben. Durch die Verwendung von Großbuchstaben zur Bezeichnung von Relationen haben wir zum Ausdruck gebracht, daß es sich dabei um Mengen handelt. Der Mathematiker hat diese Mengen jedoch schon viel früher untersucht, ohne dabei an Relationen zu denken. „y ist gleich x" in der Form yEx, „y kleiner als x" in der Form yIx und „y kleiner oder gleich x" in der Form yKx, alle diese Bezeichnungsweisen sollten dasselbe aussagen wie $(x, y) \in E$, $(x, y) \in I$ und $(x,y) \in K$ Bald hatte sich jedoch ein neuer Symbolismus durchgesetzt. Die Relation E wurde in der Folge durch = bezeichnet. An Stelle von yEx schrieb der Mathematiker y = x. Die komplementäre Relation $\bar{E}$ („ist nicht gleich") wurde durch $\neq$ bezeichnet. Da E zu sich selbst invers ist, benötigte man für die inverse Relation kein neues Zeichen. Die Relation I erscheint in der Form $<$. An Stelle von yIx schreiben wir $y < x$. Die komplementäre Relation „ist nicht kleiner als" übersetzte man durch $\not<$ und die inverse Relation „ist größer als" durch das umgekehrte Zeichen $>$. Die Relation K wird im allgemeinen durch $\leqslant$ bezeichnet. An Stelle von yKx schreibt man $y \leqslant x$. Für die komplementäre Relation dient die Abkürzung $\not\leqslant$, für die inverse Relation „ist größer oder gleich" die Abkürzung $\geqslant$.

Was wir eben über die Relationen E, I und K gesagt haben, gilt in gleicher Weise auch für Relationen zwischen Mengen wie zum Beispiel die „Inklusion" und die „strikte Inklusion" und den entsprechenden Zeichen $\subseteq$ (Inklusion) und $\subset$ (strikte Inklusion).

4.7. Spezielle Arten von Relationen

Einigemale wurde schon bemerkt, daß eine der betrachteten Relationen zu sich selbst invers sei. In diesem Falle ist ihr Schaubild bezüglich der Hauptdiagonale von $\mathcal{D} \times \mathcal{D}$ symmetrisch. Man sagt dann von der Relation selbst, sie sei *symmetrisch*. Deutet man diese Symmetrie graphisch mit Hilfe des Begriffes der geordneten Paare, so kann man sagen:

R sei eine Relation in $\mathcal{D}$. R heißt symmetrisch dann und nur dann, wenn aus $(x, y) \in R$ folgt $(y, x) \in R$.

Mit anderen Worten: R ist symmetrisch, wenn aus yRx folgt xRy.

Aus den Schaubildern in 4.3 erkennt man leicht, daß die Relationen E („ist gleich"), $\bar{E}$ („ist nicht gleich"), $R \cup M$ und $S \cup I$ symmetrisch sind. Dasselbe gilt für „ist Freund von", „ist nahe verwandt mit",... Im Gegensatz dazu haben R, M, S, I ... diese Eigenschaft nicht, und ebensowenig die Relationen „ist Onkel von", „ist Gatte von",...

In einigen Fällen gehört die Diagonale von $\mathcal{D} \times \mathcal{D}$ zum Schaubild von R, mit anderen Worten: *Diagonale von* $\mathcal{D} \times \mathcal{D} \subseteq R$. Relationen mit dieser Eigenschaft heißen *reflexiv*. Formal ausgedrückt:

R sei eine Relation in $\mathcal{D}$. R heißt reflexiv dann und nur dann, wenn für jedes $x \in \mathcal{D}$ gilt $(x, x) \in R$, was sich auch in der Form „R ist reflexiv, wenn für alle $x \in \mathcal{D}$ gilt xRx" ausdrücken läßt.

Um die *Reflexivität* festzustellen, genügt eine einfache Prüfung des Schaubildes von R. Die betrachtete Relation ist oder ist nicht reflexiv, je nachdem ob die Diagonale von $\mathcal{D} \times \mathcal{D}$ zu R gehört oder nicht.

Die Beispiele in 4.3 zeigen, daß E, R, $R \cup M$,... reflexiv sind. Die Relationen „ist nicht schwerer als", „gehört zur selben Familie wie ..." sind ebenfalls reflexiv. Im Gegensatz dazu sind S, I,... nicht reflexiv, ebensowenig die Relationen „ist Vater von" und vielleicht auch „ist ein Bewunderer von".

Ein anderes Merkmal einer Relation R in $\mathcal{D}$ ist schließlich die Art, in der die Elemente von $\mathcal{D}$ durch R verkettet sind. Wenn aus „y ist mit x gemäß R verknüpft" und aus „z ist mit y gemäß R verknüpft" stets folgt „z ist mit x gemäß R verknüpft", so nennt man R *transitiv*. Formal heißt das:

R sei eine Relation in $\mathcal{D}$. R heißt *transitiv* dann und nur dann, wenn mit yRx und zRy stets gilt zRx.

Mit anderen Worten:

R heißt transitiv, wenn mit $(x, y) \in R$ und $(y, z) \in R$ stets gilt $(x, z) \in R$.

Graphisch läßt sich die *Transitivität* nicht überprüfen.

Die Relation E („ist gleich") ist transitiv (vgl. 1.7). Von den in 4.3 durch Schaubilder angegebenen Relationen sind R und M transitiv, aber nicht E. Die Relationen „ist verwandt mit" und „ist ähnlich" sind transitiv. Aber „ist Onkel von" ist nicht transitiv.

4.7. Spezielle Arten von Relationen

Eine Relation kann einige dieser Eigenschaften besitzen (Symmetrie, Reflexivität, Transitivität). Sie kann zum Beispiel symmetrisch und reflexiv, aber nicht transitiv sein, usw.

Die Relationen, die sowohl reflexiv und symmetrisch als auch transitiv sind, bilden eine Klasse mathematischer Relationen von außergewöhnlicher Bedeutung.

R sei eine Relation in $\mathfrak{D}$. R heißt eine *Äquivalenzrelation*, wenn R *symmetrisch, reflexiv und transitiv ist.*

Die Mehrzahl der Relationen, mit denen der Leser bisher in der Mathematik zu tun hatte, sind Äquivalenzrelationen. Die Relation „ist gleich" ist eine Äquivalenzrelation in jeder Menge $\mathfrak{D}$. In der Geometrie ist die Relation zwischen Geraden „ist parallel zu" eine Äquivalenzrelation. Dasselbe gilt von den Relationen „ist gleich" und „ist ähnlich" zwischen geometrischen Figuren. Keine Äquivalenzrelationen sind die Relationen „ist senkrecht zu" für die Geraden einer Ebene, „ist koplanar mit" für die Geraden des Raumes und „ist relativ prim" für die ganzen Zahlen. Der Leser, der Interesse daran hat, Beispiele für Relationen kennenzulernen, die verschiedene Kombinationen der Eigenschaften der Symmetrie, Reflexivität und der Transitivität besitzen, studiere die beiden folgenden Tabellen.

Tabelle I
Die folgenden transitiven Relationen sind auch:

	symmetrisch	nicht symmetrisch
reflexiv	E „gehört zur gleichen Familie wie"	R, S $\cup$ E, I $\cup$ E „ist nicht schwerer als"
nicht reflexiv	(m, n) sei ein Paar natürlicher Zahlen R = $\{$ (m, n) | m · n ist ungerade $\}$	S, I „ist Bruder von" „ist schwerer als"

Tabelle II
Die folgenden nicht transitiven Relationen sind auch:

	symmetrisch	nicht symmetrisch
reflexiv	„ist höchstens 1 km entfernt von..."	„ist nicht mehr als eine Stunde Weges von..."
nicht reflexiv	„ist Vetter von"	„ist Onkel von"

Aus Tabelle I ist ersichtlich, daß die Relation „ist nicht schwerer als" transitiv und reflexiv, aber nicht symmetrisch ist. Aus Tabelle II ergibt sich, daß die Relation „ist Onkel von" weder symmetrisch, noch reflexiv, noch transitiv ist.

Betrachten wir nun die unendliche Menge $\mathfrak{D} = \{0, 1, 2, 3, 4, \ldots\}$, die von den natürlichen Zahlen und der Null gebildet wird, und die Relation R = $\{$ (x, y) \| y ergibt bei der Division durch 4 denselben Rest wie x $\}$.

Bevor gezeigt wird, daß es sich hier um eine Äquivalenzrelation handelt, wollen wir diese Relation näher erklären, um sicher zu gehen, daß sie auch richtig verstanden wird.

Dividieren wir die Zahl 11 durch 4, so ergibt sich

$$11 = 4 \cdot 2 + 3,$$

wobei 4 der Divisor, 2 der Quotient und 3 der Rest ist. Bei der Division von 59 durch 4 erhalten wir

$$59 = 4 \cdot 14 + 3.$$

Der Quotient beim Divisor 4 ist 14, der Rest ist wieder 3. Also können wir schreiben „59 R 11" oder $(11,59) \in R$. Das Paar $(11,59)$ gehört also zu R, da es ja nur auf den Rest ankommt.

Der Rest ist stets kleiner als der Divisor, so daß in diesem Falle nur die Zahlen 0, 1, 2, 3 auftreten können. Infolgedessen kann man beim Divisor 4 die natürlichen Zahlen in vier Untermengen einteilen:

für die erste Untermenge ist der Rest 0: $\{0, 4, 8, 12, 16, \ldots\}$;
für die zweite Untermenge ist der Rest 1: $\{1, 5, 9, 13, 17, \ldots\}$;
für die dritte Untermenge ist der Rest 2: $\{2, 6, 10, 14, 18, \ldots\}$;
für die vierte Untermenge ist der Rest 3: $\{3, 7, 11, 15, 19, \ldots\}$.

Für diese Relation läßt sich ein unvollständiges Schaubild angeben (Bild 54).

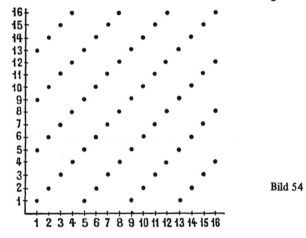

Bild 54

Ist R eine Äquivalenzrelation? Man kann auf graphischem Wege überprüfen, ob R symmetrisch und reflexiv ist, und dann nachprüfen, ob R auch transitiv ist. Es gibt jedoch ein schnelleres Verfahren: Wie immer man auch drei Punkte eines Rechteckes in R wählt, stets liegt der vierte Eckpunkt auch in R. Aber dieses Verfahren sagt nur aus, daß *aller Wahrscheinlichkeit nach* R eine Äquivalenzrelation ist. Wir müssen die Behauptung noch beweisen.

4.7. Spezielle Arten von Relationen

x, y, z seien drei beliebige Punkte aus $\mathcal{D}$. Wir müssen zeigen:
1. wenn xRy, so auch yRx (Symmetrie);
2. xRx (Reflexivität);
3. Wenn xRy und yRz, so auch xRz (Transitivität).

Es ist klar, daß mit „x hat denselben Rest wie y" auch gilt „y hat denselben Rest wie x". „x hat denselben Rest wie x" gilt immer. Wenn x denselben Rest wie y hat und y denselben Rest wie z, so hat x denselben Rest wie z.

Es ist daher jetzt sicher, daß R eine Äquivalenzrelation in $\mathcal{D}$ ist.

Aus dem Vorhergehenden lassen sich zwei wichtige Schlüsse ziehen: Ein graphischer Test ist nicht definitiv, außer es liegt ein *vollständiges* Schaubild vor. Der vollständige Beweis muß auf Argumente begründet sein, die aus der Beschreibung der Relation folgen.

In Verbindung mit dieser Relation R ist noch eine weitere Bemerkung angebracht. Die Relation liefert ein einfaches Mittel, um die Elemente von $\mathcal{D}$ gemäß ihrem Rest bei der Division durch 4 zusammenzufassen. Wir konstruieren ein Quadrat und tragen dann auf einer Halbgeraden von einer Ecke aus gleich große, der Länge der Seiten des Quadrates entsprechende Segmente ab. Die so erhaltenen Punkte bezeichnen wir mit 0, 1, 2, 3 ... (Bild 55). Diese Halbgerade denken wir uns nun als Faden, befestigen dessen Anfang in einer der Ecken des Quadrates und wickeln ihn längs des Umfanges des Quadrates auf (Bild 56). Die ersten an den Ecken des Quadrates auftretenden Zahlen sind die möglichen Reste 0, 1, 2, 3. Hierauf werden die übrigen Zahlen auf die vier Ecken verteilt (Bild 57). Je zwei Zahlen an derselben Ecke haben denselben Rest bei der Division durch 4. Jede Zahl aus $\mathcal{D}$ erscheint dabei einmal und nur einmal. Außerdem ist offensichtlich $\mathcal{D}$ = (Zahlenmenge in der Ecke 0) ∪ (Zahlenmenge in der Ecke 1) ∪ (Zahlenmenge in der Ecke 2) ∪ (Zahlenmenge in der Ecke 3).

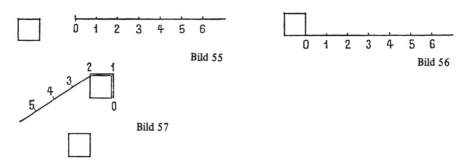

Bild 55

Bild 56

Bild 57

Die letzte Tatsache enthält übrigens ein allgemeines Prinzip: *Eine Äquivalenzrelation R in einer beliebigen Menge $\mathcal{D}$ unterteilt diese Menge in disjunkte Untermengen, deren Vereinigung gleich $\mathcal{D}$ ist.*

Jede dieser Untermengen heißt *Äquivalenzklasse* von $\mathcal{D}$ bezüglich R. Zwei Elemente von $\mathcal{D}$, die zur selben *Äquivalenzklasse* gehören, heißen *äquivalent bezüglich* R.

Die vorausgehenden Untersuchungen der Relation R lassen sich mit jeder natürlichen Zahl m wiederholen. Zwei Zahlen mit demselben Rest heißen dann äquivalent modulo m. Das Quadrat ist in diesem Fall durch ein regelmäßiges Polygon mit m Seiten zu ersetzen.

Ehe wir uns einem neuen Typ von Relationen zuwenden, bemerken wir, daß manchmal eine Relation R in $\mathcal{D}$ die Menge $\mathcal{D} \times \mathcal{D}$ in drei Untermengen aufteilt: in die Relation R, die inverse Relation R* und die Menge der Diagonalpunkte E. Eine derartige Relation heißt *tripartitiv*. Wir sagen:

R sei eine Relation in $\mathcal{D}$. R ist *tripartitiv*, wenn es *kein* x gibt mit (x, x) $\in$ R und wenn für zwei verschiedene Elemente x und y von $\mathcal{D}$ stets eine der beiden Beziehungen (x, y) $\in$ R oder (y, x) $\in$ R gilt, aber nicht beide zugleich.

Mit anderen Worten heißt das, R ist genau dann tripartitiv, wenn für kein x gilt xRx und wenn für zwei verschiedene Elemente x und y *eine und nur eine* der Beziehungen xRy oder yRx gilt.

Was das Schaubild betrifft, heißt das, daß jeder Punkt von $\mathcal{D} \times \mathcal{D}$ entweder zu R, oder zum Spiegelbild von R bezüglich der Diagonalen gehört, oder er ist Diagonalpunkt und gehört zu E.

Unter den Beispielen für Relationen aus 4.3 sind S und I tripartitiv. Die Relationen „ist ärmer als" und „ist älter als" sind ebenfalls tripartitiv. Im Gegensatz dazu haben R und M aus 4.3 nicht diese Eigenschaft, auch nicht die Relationen „ist Bruder von" und „ist nicht größer als".

Wir sind nun in der Lage, eine neue Relation vorstellen zu können: *die Ordnungsrelation*.

R sei eine Relation in $\mathcal{D}$. R ist eine *Ordnungsrelation*, wenn R *tripartitiv* und *transitiv* ist.

Wir haben bisher bereits implizit die Ordnung der Menge N der natürlichen Zahlen, der Menge I der ganzen Zahlen, der Menge der Punkte einer Geraden u. a. benutzt.

In den Mengen N und I ist „ist kleiner als" eine Ordnungsrelation, ebenso die Relation „ist größer als". Für die Menge der Punkte einer Geraden sind die Relationen „ist links von" und „ist rechts von" Ordnungsrelationen. Das Alphabet ist eine geordnete Menge bezüglich der Relation „kommt vor", diese Ordnung heißt *lexikographisch*. Wenn eine Menge lexikographisch geordnet ist, so liefert die Relation „kommt in der lexikographischen Ordnung vorher" eine Ordnungsrelation. Ein *Bücherkatalog* oder ein *Telefonbuch* sind Beispiele für lexikographisch geordnete Mengen.

4.8. Erweiterung des Begriffes der Relation

Wir haben bisher nur Relationen zwischen den Elementen einer einzigen Menge $\mathcal{D}$ untersucht. Es hat sich dabei stets um Untermengen von $\mathcal{D} \times \mathcal{D}$ gehandelt. Aber gibt es nicht auch Relationen zwischen Elementen von zwei verschiedenen Mengen? Wir geben einige Beispiele an.

4.8. Erweiterung des Begriffes Relation

Mit A werde die Menge der Telefonbesitzer im Bereich von Paris bezeichnet, mit B die Menge der in Paris gemeldeten Automobile, mit R die Relation „besitzt". Wir können nun behaupten

J. Dupont besitzt das Auto mit der Nr. 5454 K 75,
A. Durand besitzt das Auto mit der Nr. 9442 AX 75.

Wenn die Behauptungen stimmen, so besagen sie dasselbe wie J. Dupont R Nr. 5454 K 75 oder (Nr. 9442 AX 75, A. Durand) $\in$ R. Die Relation R zwischen der Menge A und der Menge B ist wieder eine Menge von geordneten Paaren, bei denen das erste Element zur Menge B, das zweite zur Menge A gehört.

Das Beispiel zeigt, wie man den Begriff des Cartesischen Produktes $\mathcal{D} \times \mathcal{D}$ auf die Mengen A und B verallgemeinern könnte. Es gilt:

A sei eine erste Menge, B eine zweite Menge. Die Menge aller geordneten Paare, deren erstes Element zu A und deren zweites Element zu B gehört, heißt *Cartesisches Produkt von* A *mit* B und wird mit A $\times$ B bezeichnet:

$$A \times B = \{(x, y) \mid x \in A \text{ und } y \in B\}.$$

Es ist klar, daß es sich dabei um eine Verallgemeinerung des Cartesischen Produktes A $\times$ A handelt, das man wieder erhält, wenn man A = B setzt. Die Eigenschaften von A $\times$ A (vgl. 2.7) lassen sich in einfacher Weise verallgemeinern. Wenn $A_1 \subseteq A$ und $B_1 \subseteq B$, so gilt

$$A_1 \times B_1 \subseteq A \times B.$$

Wenn A eine endliche Menge mit m Elementen und B eine endliche Menge mit n Elementen ist, so ist auch die Menge A $\times$ B endlich und hat m · n Elemente (geordnete Paare).

Wenn A $\neq$ B so ist natürlich auch A $\times$ B $\neq$ B $\times$ A. Das Cartesische Produkt ist nicht kommutativ. A ist die erste koordinierte Menge, B die zweite. Wenn A als Bereich der Variablen x und B als Bereich für y genommen wurde, so heißt A auch die x-Menge und B die y-Menge.

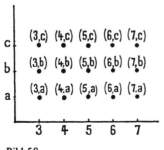

Bild 58

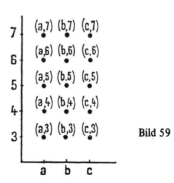

Bild 59

Zum Beispiel sei A = { a, b, c } und B = { 3, 4, 5, 6, 7 }. In den Bildern 58 und 59 sind die beiden Produkte A × B und B × A in Gitterform dargestellt. Natürlich enthalten A × B und B × A vollkommen verschiedene geordnete Paare. A × B enthält davon 3 · 5 und B × A 5 · 3 Paare. Man beachte auch, daß mit A_1 = { a, b } und B_1 = { 3, 4, 5 } wegen $A_1 \subseteq A$ und $B_1 \subseteq B$ gilt

$A_1 \times B_1 \subseteq A \times B$ und $B_1 \times A_1 \subseteq B \times A$ (Bild 60 und 61).

Diese ersten Beispiele führen uns zur folgenden Definition:

R ist eine Relation zwischen A und B, wenn R eine Untermenge von A × B ist.

Wie früher sagen wir „(a, b) genügt der Relation R" und geben dieser Redeweise den Sinn bRa oder (a, b) ∈ R. Diese neue Definition ist eine Verallgemeinerung der alten: Eine Relation in $\mathcal{D}$ kann als Relation zwischen $\mathcal{D}$ und $\mathcal{D}$ betrachtet werden.

Es ist weiterhin auch nicht schwer, die Begriffe Vorbereich, Nachbereich, komplementäre Relation oder den Begriff der zu einer Relation zwischen A und B inversen Relation als Verallgemeinerung der früheren Begriffe einzuführen.

x sei eine Variable mit dem Bereich A, y eine Variable mit dem Bereich B. Wir sagen dann:

Der *Vorbereich* von R ist die Menge aller x ∈ A, zu welchen es ein y ∈ B gibt mit (x, y) ∈ R.

Der *Nachbereich* von R ist die Menge aller y ∈ B, zu welchen es ein x ∈ A gibt mit (x, y) ∈ R.

Der Vorbereich von R ist eine Untermenge von A, der Nachbereich eine Untermenge von B.

Die Menge aller geordneten Paare von A × B, die nicht Elemente von R sind, bilden das Komplement $\overline{R}$ von R in A × B. $\overline{R}$ ist die zu R komplementäre Relation. Natürlich ist $\overline{R}$ ebenfalls eine Relation zwischen A und B. Wenn R = { (x, y) | P }, wo P ein Satz ist, der x und y enthält, so kann man symbolisch schreiben

$\overline{R}$ = { (x, y) | nicht P }.

4.8. Erweiterung des Begriffes Relation

Die zu R inverse Relation schließlich ist eine Relation zwischen B und A, die wir durch

$$R^* = \{(x, y) \mid (x, y) \in B \times A \text{ und } P^*\}$$

symbolisieren, wobei P* der Satz ist, den man aus P durch Vertauschen der Buchstaben x und y erhält. Wenn R ein Schaubild besitzt, so gilt das auch für R*. Man erhält das Schaubild von R* aus dem von R, indem man dieses an der Diagonale des rechteckigen Schaubildes von A × B spiegelt. Dabei geht diese Diagonale in die Diagonale des Schaubildes von B × A über. Eigenschaften wie Symmetrie, Reflexivität u. a. kommen hier nicht in Frage. Solange A ≠ B ist, haben solche Eigenschaften keinen Sinn.

Betrachten wir nun ein letztes Beispiel für eine Relation zwischen A und B. Nehmen wir unser Alphabet. Dieses stellt eine geordnete Menge dar (vgl. 4.7). Unter ihren Elementen befinden sich die Vokale a, e, i, o, u. Wir schreiben das Alphabet an und versehen dabei die Vokale mit einem Querstrich: ā, b, c, ...

Wieviele Vokale gibt es bis zum Buchstaben d? Nur einen, den Vokal ā. Und bis zum Buchstaben h? Zwei: ā, ē. Bis zum Buchstaben z? Fünf: a, e, i, o, u. Nennen wir die Menge der Buchstaben unseres Alphabetes A. Mit B werde die Menge der natürlichen Zahlen von 1 bis 5 bezeichnet. R sei die Relation „ist die Anzahl der Vokale bis". Diese Relation R läßt sich durch das Schaubild in Bild 62 darstellen. Davon ausgehend findet man leicht das Schaubild der komplementären Relation R̄ (Bild 63) und das Schaubild der zu R inversen Relation (Bild 64).

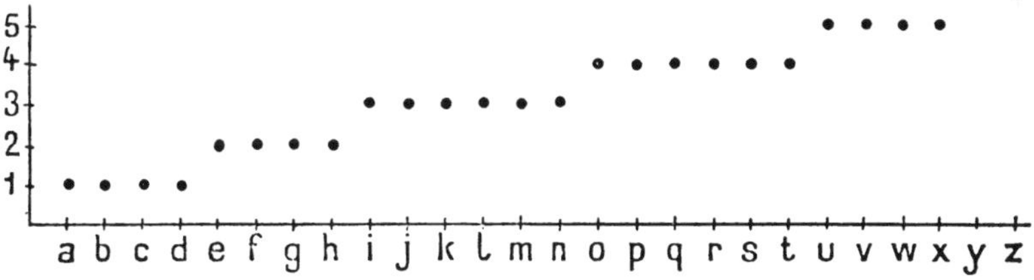

Bild 62

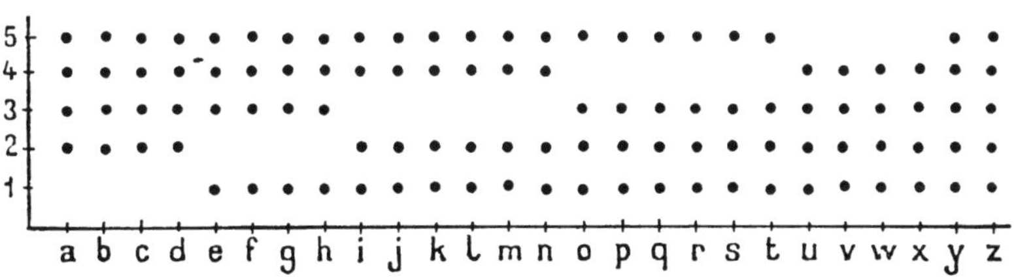

Bild 63

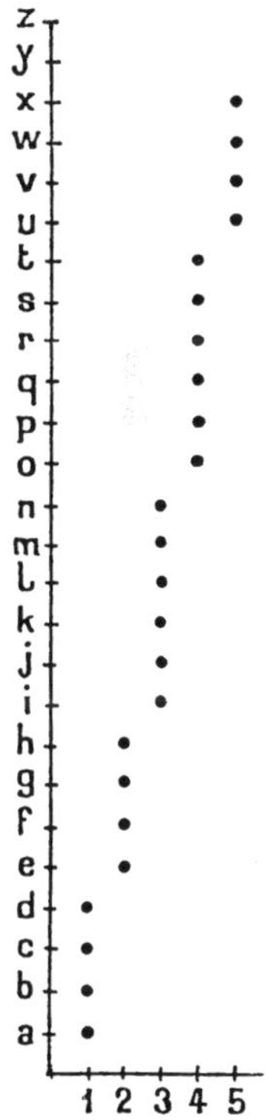

Bild 64

4.9. Übungen

1. U sei die Menge $\{1, 2, 3, 4\}$. Man zähle alle geordneten Paare auf, die man aus dieser Menge auf Grund der folgenden Relationen bilden kann:

   a) „ist um eine Einheit größer als";
   b) „ist Faktor von";
   c) „ist kleiner als";
   d) „ist nicht größer als".

   (Das Paar (1, 2) ist ein Beispiel für a), da $2 = 1 + 1$).

2. U sei die Menge $\{1, 2, 3, 4, 5\}$. Man gebe in jedem Fall eine Relation an, die von den folgenden geordneten Paaren erfüllt ist:

   a) $\{(2, 1), (3, 2), (4, 3)\}$;   b) $\{(3, 1), (4, 2)\}$;
   c) $\{(1, 1), (2, 2), (3, 3), (4, 4)\}$;   d) $\{(1, 2), (2, 4)\}$.

3. Man gebe für jedes der folgenden geordneten Paare eine Relation an, die zwischen ihnen besteht:

   a) (Menge der ganzen Zahlen, Menge der Primzahlen);
   b) (7, 14);   c) $(-2, +2)$.

4. N sei die Menge der natürlichen Zahlen, U die Menge der Untermengen von N. Unter den Elementen von U befinden sich die Menge N, die Menge E der ungeraden Zahlen, die Menge D der geraden Zahlen, die Menge T der durch 3 teilbaren Zahlen und die Menge Q der durch 4 teilbaren Zahlen. Für diese fünf Untermengen als Elemente der oben angegebenen Menge U gebe man alle möglichen Paare an, die den folgenden Relationen genügen:

   a) Inklusion [Beispiel (N, E)]; b) Disjunktion [Beispiel (E, D)]; c) überdecken sich teilweise; d) Gleichheit.

5. (a, b) sei ein geordnetes Paar, das einer gegebenen Relation genügt. Wir betrachten die Menge A der Elemente, die an erster Stelle in dem geordneten Paar (a, b) stehen können, und nur diese Elemente, sowie die Menge B der Elemente, die in dem geordneten Paar (a, b) an zweiter Stelle stehen können. Auch B enthalte nur diese Elemente.

   a) Besteht zwischen den Mengen A und B immer eine Relation? Warum?
   b) Können A und B gleich sein? Man gebe ein Beispiel.

6. $U = \{1, 2, 3, 4, 5, 6\}$. Gegeben seien die Paare (3, 1), (1, 3), (4, 5), (4, 6), (6, 5), (6, 1).

   a) Welche Paare gehören zur Relation „ist größer als" in U?
   b) Welche Paare gehören zur Relation „ist kleiner als" in U?

7. R sei die Relation in $U = \{1, 2, 3, 4, 5\}$, für die 1R3, 2R4, 3R5 die einzigen Paare sind, die R genügen.

   a) Was ist der Vorbereich von R?
   b) Was ist der Nachbereich von R?
   c) Man drücke diese Relation in Worten aus.

8. Es sei $U = \{1, 2, 3, 4\}$. Für jeden der folgenden Fälle ist das Schaubild der Relation R in U zu zeichnen und deren Vor- und Nachbereich anzugeben:

   a) „plus 1 gleich"; b) „ist ganzes Vielfaches von"; c) „ist größer als"; d) „ist kleiner als"; e) „um 2 vermehrt ist gleich"; f) „ist das Quadrat von".

9. $U = \{1, 2, 3, 4\}$. Bild 65 zeigt mehrere Schaubilder von Relationen in U. Diese Relationen einschließlich des Vor- und des Nachbarbereiches sind anzugeben.

4.9. Übungen

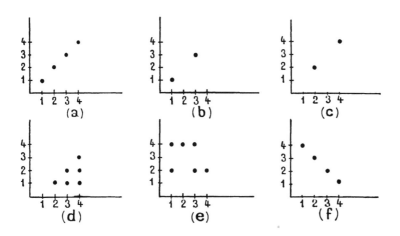

Bild 65

10. N sei die Menge der natürlichen Zahlen. Wir betrachten die Untermenge R von N × N, für die gilt (x, y) ∈ R dann und nur dann, wenn y = x + 3.

a) Welche der folgenden Paare (1, 1), (1, 4), (4, 1), (6, 9), (11, 14), (– 1, 2), (5, 2), (2, 4) (3, 1), (1, 5) gehören zu R?

b) Was ist der Vorbereich und was der Nachbereich von R?

11. Ein Zahl m heißt *ganzes Vielfaches* von n, wenn es eine ganze Zahl k gibt mit m = kn. (12 ist zum Beispiel ein ganzes Vielfaches von 3; 14 ist ein ganzes Vielfaches von – 7; 21/4 ist ein ganzes Vielfaches von 3/4). R sei die Relation „ist ein ganzes Vielfaches von". Welche der folgenden Behauptungen sind richtig, welche falsch?

a) (3, 27) ∈ R;   b) 51 R 17;   c) (36, 9) ∈ R;
d) (13/4, 221/357) ∈ R;   e) (35, 12) ∈ R;   f) 68 R 4;
g) 1299 R 73;   h) (2x) Rx.

12. x und y seien Variable, deren gemeinsamer Bereich die Menge der natürlichen Zahlen ist. Wir betrachten die folgende Aussage:

yRx dann und nur dann, wenn y bei der Division durch 7 einen Rest ergibt.

a) Was ist der Vorbereich und was der Nachbereich dieser Relation R?

b) Man zeichne ein Schaubild für diese Relation, das mindestens zwanzig Punkte enthält.

13. Gegeben sei eine Relation R. Der Vorbereich dieser Relation sei eine Menge U, ihr Nachbereich sei dieselbe Menge U. Kann man daraus schließen R = U × U? Die nötigen Erklärungen sind zu geben.

14. Man schreibe jede der folgenden Relationen unter Benutzung des Mengenbegriffes nieder. Dabei sei die Universalmenge U die Menge der Dezimalbrüche D.

a) T ist die Relation in U, für die (x, y) ∈ T dann und nur dann, wenn y die Quadratwurzel aus x ist.

b) V ist die Relation in U, für die (x, y) ∈ V dann und nur dann, wenn y die Quadratwurzel aus – x ist.

c) W ist die Relation in U, für die (x, y) ∈ W dann und nur dann, wenn y das Quadrat von – x ist.

d) M ist die Relation in U, für die (x, y) ∈ M dann und nur dann, wenn y um 1 größer ist als x.

15. Es sei U = { m, a, t, h }. Wir betrachten die Relation in U „steht im Alphabet vor". Man konstruiere das Schaubild dieser Relation und gebe den Vorbereich an.

16. Man konstruiere die Schaubilder für jede der folgenden Relationen in U = {1, 2, 3, 4, 5}. Man gebe in jedem Fall Vor- und Nachbereich an.

a) $R_1 = \{(x, y) \mid x = 3\}$;
b) $R_2 = \{(x, y) \mid y = 3\}$;
c) $R_3 = \{(x, y) \mid x \neq 1$ und $y \neq 1\}$;
d) $R_4 = \{(x, y) \mid x \cdot y$ ist ungerade$\}$;
e) $R_5 = \{(x, y) \mid x + y$ ist gerade$\}$.

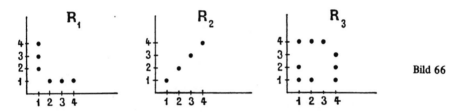

Bild 66

17. Die Universalmenge sei U = {1, 2, 3, 4}. Man betrachte die Schaubilder R_1, R_2, R_3 (Bild 66).

Für die folgenden Relationen in U sind die Schaubilder zu zeichnen:

a) $R = R_1 \cup R_2$;
b) $R = R_1 \cap R_3$;
c) $R = R_1 \cap (R_2 \cup R_3)$.

18. Man zeichne die Schaubilder der folgenden Relationen:

$R_0 = \{(x, y) \mid (x, y) \in D \times D$ und $y = x\}$
$R_1 = \{(x, y) \mid (x, y) \in D \times D$ und $y = x + 1\}$
$R_2 = \{(x, y) \mid (x, y) \in D \times D$ und $y = x + 2\}$

und allgemein

$R_n = \{(x, y) \mid (x, y) \in D \times D$ und $y = x + n\}$

wobei n eine beliebige ganze Zahl ist.

Durch Prüfung der Schaubilder beantworte man die folgenden Fragen:

a) Können die Schaubilder der verschiedenen Relationen (dieser Gruppe) gemeinsame Punkte haben?
b) Welche Relation ist symmetrisch?
c) Welche Relation ist invers zur Relation R_1, zur Relation R_2 und zur Relation R_n?
d) Welche Relation ist gleich ihrer eigenen inversen Relation?
e) Welche Beziehung besteht zwischen einer symmetrischen Relation und einer Relation, die zu sich selbst invers ist?
f) Man definiere die zu R_0 und R_1 komplementären Relationen.
g) Die Schaubilder von $R_0 \cup R_1$, von $R_0 \cup R_1 \cup R_2$ sind zu beschreiben.

4.9. Übungen

19. Man zeichne die Schaubilder der folgenden Relationen bezüglich desselben Achsenkreuzes:

$P_1 = \{(x, y) \mid (x-3)^2 + (y-4)^2 = 0\}$;
$P_2 = \{(x, y) \mid (x+3)^2 + (y-4)^2 = 0\}$;
$C_1 = \{(x, y) \mid x^2 + y^2 = 36\}$;
$C_2 = \{(x, y) \mid y = -\sqrt{9-x^2}\}$;

20. Die folgenden Aussagen sind zu vervollständigen:
    a) Wenn $M = \{(x, y) \mid y$ ist teilbar durch $x\}$, so ist $M' = \ldots$.
    b) Wenn $P = \{(x, y) \mid y$ ist nicht schwerer als $x\}$, so ist $P' = \ldots$
    c) Wenn $Q = \{(x, y) \mid y$ ist senkrecht zu $x\}$, so ist $Q' = \ldots$
    d) Wenn $K = \{(x, y) \mid y$ ist größer als $x\}$, so ist $K' = \ldots$

21. Es sei R eine Relation in U, wobei $U = \{1, 2, 3, 4\}$. Nehmen wir an $(2, 4) \in R$. Dann ist $(4, 2) \in R^*$. A sei der (2, 4) entsprechende, B sei der (4, 2) entsprechende Punkt des Gitters.
    a) Welche Relation besteht zwischen der Diagonalen und der Geraden AB?
    b) Wenn die Strecke $\overline{AB}$ die Diagonale in C schneidet, was kann man über die Strecke $\overline{AC}$ und $\overline{BC}$ aussagen?
    c) Man zeige, daß C dem Punkt (3, 3) entspricht.

22. Man zeichne die Schaubilder der folgenden Relationen:

$M_0 = \{(x, y) \mid (x, y) \in D \times D$ und $y = 0\}$;
$M_1 = \{(x, y) \mid (x, y) \in D \times D$ und $y = x\}$;
$M_2 = \{(x, y) \mid (x, y) \in D \times D$ und $y = 2x\}$,

und allgemein

$M_n = \{(x, y) \mid (x, y) \in D \times D$ und $y = nx\}$,

wobei n eine ganze Zahl ist.

Man beantworte die folgenden Fragen:
a) Haben die Schaubilder der obigen Relationen Punkte gemeinsam?
b) Welche der Relationen sind symmetrisch?
c) Man beschreibe mit Hilfe der Bezeichnungsweise für die Mengenkonstruktion die Relationen M'_n.

5. Funktionen

5.1. Die Grundlagen des Funktionsbegriffes

Betrachten wir eine Relation zwischen den Mengen A und B. Das Schaubild der Relation ist in Bild 67 wiedergegeben. Dem Wert a von A ist ein und nur ein Wert von B zugeordnet. Dasselbe gilt für d aus A. Die Vertikalen in a und in d treffen das Schaubild nur in einem einzigen Punkt, während die Vertikale in e dieses in zwei Punkten schneidet. Die Vertikale in b hat mit dem Schaubild unendlich viele Punkte gemeinsam.

Oft tritt jedoch der Fall ein, daß jede Vertikale des Gitters A × B das Schaubild höchstens einmal schneidet. Jede Relation, deren Schaubild diese Eigenschaft besitzt, heißt *„funktionale Relation"*. Diesen Fall stellt zum Beispiel der rechte Teil von Bild 67 dar. Die Vertikalen in a, b, c, d, e schneiden die Kurve nur einmal, es existiert keine Vertikale, die zwei Schnittpunkte besitzt.

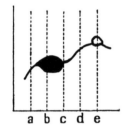
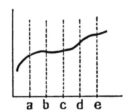

Bild 67

Auch die Relation R, die am Ende von 4.8 beschrieben wurde, ist eine funktionale Relation. Dasselbe gilt jedoch nicht für die komplementäre Relation und auch nicht für die inverse Relation, wie die Darstellungen in Bild 63 und Bild 64 zeigen.

Gestützt auf das eben erwähnte Kriterium für das Schaubild kann der Begriff der Funktion mit Hilfe von Mengen und geordneten Paaren charakterisiert werden (die Charakterisierung läßt sich jedoch leicht auf Relationen ohne Schaubilder übertragen). Wir sagen zum Beispiel:

F ist eine Funktion über A mit Werten in B (oder F ist eine funktionale Relation zwischen A und B), wenn $(x, y) \in F$ und $(x, z) \in F$ stets $y = z$ zur Folge hat. Diese Bedingung entspricht gerade dem Kriterium für das Schaubild. Denn wenn F ein Schaubild besitzt und es gilt $(x, y) \in F$ und $(x, z) \in F$, so schneidet die Vertikale durch $x \in A$ das Schaubild in (x, y) und in (x, z). Ist F eine funktionale Relation, gilt aber dann $y = z$, d. h. $(x, y) = (x, z)$. Also sind die beiden Schnittpunkte nicht verschieden.

Wir können auch sagen:

F ist eine Funktion über A mit Werten in B, wenn F eine Relation zwischen A und B ist, so daß verschiedene Paare aus F stets verschiedene erste Elemente besitzen.

5.1. Die Grundlagen des Funktionsbegriffes

Oder man sagt:

F ist eine Funktion auf A mit Werten in B, wenn F eine Relation zwischen A und B ist, so daß es zu jedem x ∈ A höchstens ein y ∈ B gibt mit (x, y) ∈ F.

Für Relationen, die ein Schaubild besitzen, haben wir die graphische Interpretation dieses Sachverhaltes schon gezeigt.

Jede Vertikale des Cartesischen Produktes A × B schneidet F höchstens einmal. Dem Leser wird bereits die Bevorzugung des Namens Funktion für F an Stelle von „funktionaler Relation" aufgefallen sein. Man gewöhnt sich schnell an diesen Namen, aber man darf niemals vergessen, daß eine Funktion eine spezielle Art einer Relation ist, denn man wird es in der Folge oft mit Eigenschaften von Funktionen zu tun haben, die dieser als Relation zukommen. Wir sagen zum Beispiel, das Paar (x, y) „gehöre" zur Funktion F. Wir sprechen vom Vorbereich, oder vom Definitionsbereich von F, genauso wie vom Nachbereich, oder wie man in Verbindung mit Funktionen häufiger sagt, vom Wertebereich von F. Wir sprechen auch von der zu F inversen Funktion und wir beschreiben Funktionen genauso wie Relationen.

Wir werden nun die Haupteigenschaften allgemeiner Relationen auf Funktionen anwenden.

Nehmen wir an, daß der Bereich der Variablen x die Menge A sei. Der Bereich der Variablen y sei die Menge B. F sei eine Funktion auf A mit Werten in B. Wir fassen F als spezielle Untermenge von A × B auf. Die Tatsache, daß (x, y) ∈ F gilt, läßt sich auf verschiedene Arten ausdrücken:

(x, y) genügt der Funktion F,
yFx, y ist durch F mit x verbunden.

Die Funktion F hat einen Definitionsbereich und einen Wertebereich. Der Definitionsbereich ist die Menge der x ∈ A, zu welchen es ein y gibt mit (x, y) ∈ F. Graphisch ausgedrückt heißt das, der Definitionsbereich von F ist die Menge aller x, deren Vertikale das Schaubild von F schneiden. Der Wertebereich von F ist die Menge aller y ∈ B, zu welchen es ein x gibt mit (x, y) ∈ F. Mit anderen Worten: Der Wertebereich ist die Menge aller y ∈ B, so daß die Horizontalen durch y das Schaubild von F wenigstens einmal schneiden. Man beachte, daß eine Horizontale das Schaubild öfter als einmal schneiden darf.

Das Schaubild einer Funktion F ist die Menge aller Punkte des Gitters A × B, deren zugeordnete Paare (x, y) in F liegen. Ändert man dieses Schaubild ab, indem man die Achsen vertauscht und die Diagonale von A × B zur Diagonale von B × A macht, so erhält man das Schaubild einer Relation zwischen B und A, die zu F invers ist.

Für F ergibt sich die folgende Beschreibung:

F ist eine Funktion über A mit Werten in B, wenn (x, y) ∈ F dann und nur dann gilt, wenn der Satz P wahr ist. Dabei soll der Satz P die Variablen x und y enthalten:

$$F = \{(x, y) \mid P\}.$$

Die zu F inverse Relation beschreibt man dann durch Inverse von

$$F = \{(x, y) \mid (x, y) \in B \times A \text{ und } P^*\}$$

wobei P* der Satz ist, den man aus P durch Vertauschen von x mit y erhält.

Folgende Tatsache ist zu beachten: Die zu einer Funktion inverse Relation ist im allgemeinen keine Funktion, sondern eine gewöhnliche Relation. Nur die inversen Relationen ganz spezieller Arten von Funktionen sind wieder Funktionen. Wir werden diese noch untersuchen.

Die meisten Funktionen, mit denen wir uns zu beschäftigen haben, sind Funktionen über einer Menge $\mathcal{D}$ mit Werten, die wieder in $\mathcal{D}$ liegen. Die oben gemachten allgemeinen Bemerkungen gelten unverändert auch für diese. Zwei Beispiele sollen das erläutern.

Beispiel I. F sei die Relation

$$F = \{(x, y) \mid 2y = x\},$$

wobei x und y die Menge der natürlichen Zahlen N als Bereich haben sollen. Die Beschreibung von F läßt sich in die Form

$$y = \frac{1}{2} x$$

bringen. Es ist wohl klar, daß dadurch jeder geraden Zahl x eine Zahl y zugeordnet wird, so daß $(x, y) \in F$ und umgekehrt. Wir erhalten die folgende Tafel

x	y
2	1
4	2
6	3
8	4
10	5
12	6
.	.
.	.
.	.

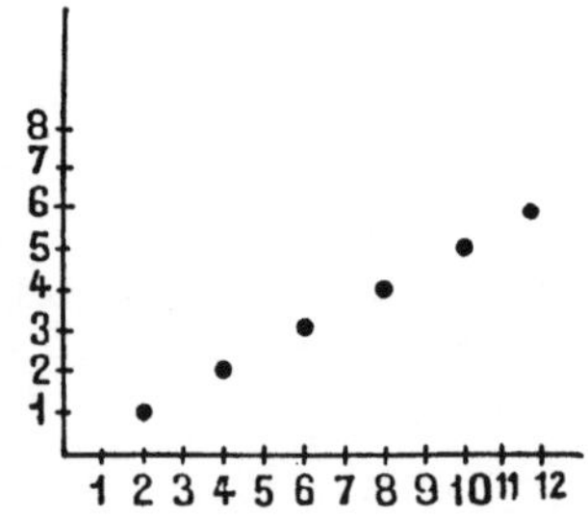

Bild 68

Die entsprechende graphische Darstellung zeigt Bild 68. Keine Vertikale schneidet das Schaubild mehr als einmal. Die Vertikale in x = 3 schneidet F überhaupt nicht, die Vertikale in x = 6 schneidet F ein einziges Mal. Wir haben somit wirklich eine Funktion über der Menge der natürlichen Zahlen mit Werten aus derselben Menge. Die Tafel zeigt, daß zum Beispiel gilt

$$(6, 3) \in F, (2, 1) \in F, \ldots$$

5.1. Die Grundlagen des Funktionsbegriffes

Die inverse Relation ist

Inverse von $F = \{(x, y) \mid 2x = y\}$.

In diesem Falle handelt es sich wieder um eine Funktion (Bild 69)

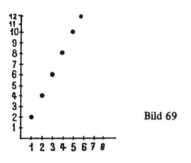

Bild 69

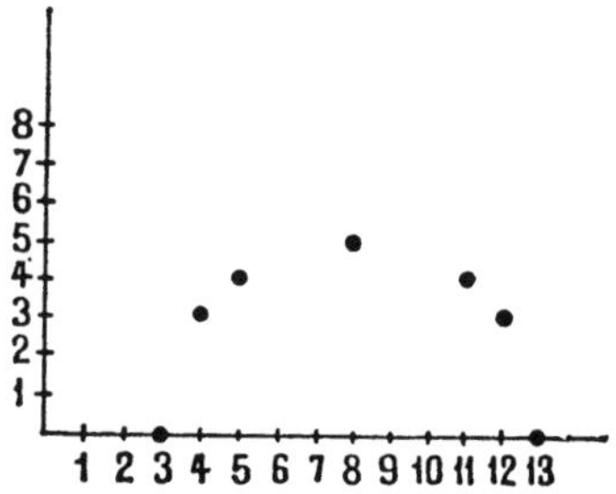

Bild 70

Beispiel 2. G sei die Relation

$$G = \{(x, y) \mid (x - 8)^2 + y^2 = 25\}$$

wobei die Variablen x und y die Menge

$$J = \{0, 1, 2, 3, \ldots\}$$

als Bereich haben sollen. Die einzigen Paare, die G genügen, sind (3, 0), (4, 3), (5, 4), (8, 5), (11, 4), (12, 3), (13, 0).

Das Schaubild hat das Aussehen der Figur in Bild 70. Keine Vertikale schneidet es mehr als einmal. G ist somit eine funktionale Relation über J mit Werten in J. Die inverse Relation ist

Inverse von $G = \{(x, y) \mid (y - 8)^2 + x^2 = 25\}$.

Eine Überprüfung des Schaubildes zeigt, daß zum Beispiel die Vertikale in x = 4 die Inverse von G (G*) in zwei Punkten schneidet (Bild 71). *G* ist daher keine Funktion.*

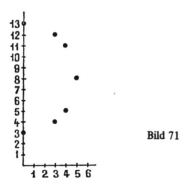

Bild 71

Nehmen wir nun an, F sei eine Funktion über A mit Werten in B. Außerdem sei a ∈ A und a ∈ Definitionsbereich von F. Aus 5.1 wissen wir, daß es genau ein Element b ∈ B gibt, so daß (a, b) ∈ F. Wenn die *Funktion* F und das *Element* a gegeben sind, so ist dadurch b in eindeutiger Weise bestimmt. In der Mathematik bezeichnet man dieses Element üblicherweise mit

F(a)

um anzudeuten, daß es sich um das Element aus B handelt, das a durch F zugeordnet ist. Wenn b dieses Element aus B ist, für das (a, b) ∈ F, so sind natürlich „b" und „F(a)" zwei Namen für dasselbe Objekt und wir können schreiben

b = F(a).

Vereinbarungsgemäß sagen wir in Zukunft, wenn x ∈ Definitionsbereich von F, F(x) sei im Wertebereich von F enthalten und F(x) sei der Wert von F für x. Mit anderen Worten, F(x) ist das Element von B, das F dem Element x von A zuordnet. Ist also F eine Funktion und x ein Element aus deren Definitionsbereich, so können wir immer schreiben

(x, F(x)) ∈ F.

Wenn man andererseits weiß, daß (x, y) ∈ F, so folgt daraus

y = F(x).

Betrachten wir nochmals das Beispiel I in 5.1. Für die Funktion F gilt (6, 3) ∈ F. Daher können wir die Zahl 3 des geordneten Paares (6, 3) mit F(6) bezeichnen. Somit ist (6, F(6)) ∈ F. Die Gleichung 3 = F(6) erlaubt die Sprechweise: „3 ist der Wert von F bei 6". Für weitere Paare, die zu F gehören, gilt

1 = F(2), 2 = F(4), 4 = F(8).

Wir haben „2y = x" bereits in der Form $F(x) = \frac{1}{2} x$ gebraucht. Man sieht also:
Die Funktion F ist die Menge aller Paare (x, F(x)). Oder auch:
Die Funktion F ist die Menge aller geordneten Paare (x, y), so daß y = F(x), d.h.
F = {(x, y) | y = F(x)}.

Das Symbol „F(x)" ist also ein anderer Name für das zweite Element des geordneten Paares (x, y), wenn (x, y) ∈ F. Seine Einführung bereichert die Menge der möglichen Redeweisen, die ausdrücken, daß ein geordnetes Paar zu F gehört. Dieselbe Bedeutung haben die Sätze

(x, y) ∈ F; y ist mit x durch F verknüpft; y = F(x).

Die Einführung des Symbols ermöglicht darüber hinaus eine neue Darstellung der Funktionen. Da für eine beliebige Funktion über A mit Werten in B gilt

F = {(x, y) | y = F(x)},

5.1. Die Grundlagen des Funktionsbegriffes

so kann man eine Funktion dadurch angeben, daß man den Wert F(x) aus dem Wertebereich für jedes x aus dem Definitionsbereich angibt. Nachdem man zuvor die Mengen A und B angegeben hat, kann man sagen

F ist die Funktion, für die F(x) = ...

wobei der zweite Teil ein Ausdruck in x ist, der ein Element von B bezeichnet. Weiter muß man noch den Definitionsbereich angeben. Die Funktion F ist die Menge aller Paare (x, –) oder die Menge

$F = \{(x, y) \mid y = -\}$.

Ebenso kann eine Funktion mit Hilfe einer Tabelle oder graphisch angegeben werden. Wenn F(x) in Abhängigkeit von x berechnet wurde, so stelle man eine Tabelle für die Funktion in einer der folgenden Formen auf:

x	F(x)
.	.
.	.
.	.

x	...
F(x)	...

Diese Tabelle bezeichnen wir mit „Funktion F". Genauso läßt sich eine Funktion in Cartesischen Koordinaten darstellen (in A × B, wenn es sich um eine Funktion über A mit Werten in B handelt, und wenn diese Mengen durch Punkte auf einer Geraden dargestellt werden können). Offensichtlich läßt sich aber nicht jede Funktion durch eine Tabelle angeben (speziell solche nicht, deren Definitionsbereiche unendlich groß sind). Auch eine graphische Darstellung ist nicht immer möglich. Jedoch kann man die Funktion durch Beschreibung angeben. An dieser Stelle sei bemerkt, daß alles, was in 4.3 über Relationen gesagt wurde, auch für Funktionen gilt, speziell auch das, was sich auf die Konstruktion von Mengen bezieht. Vergleicht man

$F = \{(x, y) \mid y = F(x)\}$

mit

$R = \{(x, y) \mid P\}$,

so erkennt man leicht, daß eine Funktion dadurch charakterisiert ist, daß P die Form y = F(x) hat.

Diese spezielle Form sagt aus, daß jedem x aus dem Definitionsbereich von F ein und nur ein y zugeordnet ist, was daher garantiert, daß F eine *Funktion* ist. Natürlich kann eine Relation

$R = \{(x, y) \mid P\}$

eine Funktion sein. Man ist jedoch nicht sicher, ob R mit jedem x höchstens ein y verbindet. Ist eine Relation eine Funktion, so kann man P so umformen, daß y eindeutig mit Hilfe von x ausgedrückt wird. Man erreicht dadurch die funktionale Form

$$y = F(x).$$

In den meisten Werken über elementare Mathematik ist es üblich, eine Funktion in der folgenden Weise zu „beschreiben":

„Wir betrachten die Funktion $y = F(x)$",

oder

„Wir betrachten die Funktion $y = \ldots$",

wobei durch die Punkte ein Ausdruck angedeutet werden soll, der die Variable x enthält. Bei solchen „Beschreibungen" riskiert man eine fehlerhafte Interpretation des Begriffes Funktion. Die dabei verwendeten Gleichungen sind selbst keine Funktionen. Sie bestimmen nur in eindeutiger Weise ein spezielles Paar (x, y), das zur betrachteten Funktion gehört. Eine solche Beschreibung müßte in Wirklichkeit lauten

$$F = \{(x, y) \mid y = F(x)\},$$

wobei F ein Satz ist, der sich auf x bezieht und der jedem Element aus dem Definitionsbereich von F einen und nur einen Wert F(x) zuordnet.

5.2. Verschiedene Betrachtungsweisen von Funktionen

Bisher haben wir Funktionen nur von einem einzigen Gesichtspunkt aus betrachtet:

Eine Funktion ist eine Relation und folglich eine *Menge*. Die einer Funktion entsprechenden Elemente sind *geordnete Paare*, wobei verschiedene Paare stets verschiedene erste Elemente haben.

Mit Hilfe des Mengenbegriffes läßt sich von unserem Funktionsbegriff noch sagen:

1. Eine Funktion ist eine Menge F.
2. (x, F(x)) ist ein beliebiges Element der Menge F.

Von diesem Gesichtspunkt aus können wir eine Funktion als *Schaubild* oder als *Tabelle* betrachten. Bei der ersten Möglichkeit wird die Funktion durch ein vollständiges Schaubild dargestellt. Ein Punkt dieses Schaubildes ist ein geordnetes Paar, das zur Funktion gehört. Bei der zweiten Möglichkeit ist eine Funktion eine Tabelle als Ganzes. Eine Zeile dieser Tabelle gibt ein geordnetes Paar an, das zur Funktion gehört. Von dieser Darstellungsform her hat sich eine bestimmte Terminologie eingebürgert, die davon ausgeht, daß F(x) bereits bestimmt ist, wenn man für die Variable x eine bestimmte Zahl einsetzt. Man sagt, x ist unabhängig gewählt, während F(x) von x abhängt. Wenn wir „y" als andere Bezeichnung für F(x) schreiben, so ist es üblich, x als unabhängige Variable und y als abhängige Variable oder als Funktion zu bezeichnen.

5.3. Spezielle Typen von Funktionen

Diese Terminologie beinhaltet letzten Endes nur eine Abkürzung für das, was in (x, F(x)) zum Ausdruck kommt. Die uneingeschränkte Benutzung dieser Terminologie birgt aber die Gefahr in sich, daß man vom eigentlichen Sachverhalt abschweift, indem man scheinbar den Variablen Eigenschaften zuschreibt, die — wenn man so sagen will — den Relationen zukommen, die durch die Variablen x und y beschrieben werden.

In der Mathematik hat man Funktionen auch unter anderen Gesichtspunkten betrachtet. Jede Art der Betrachtungsweise ist jedoch mit der Auffassung einer Funktion als Menge verträglich. Andere Gesichtspunkte sind manchmal natürlicher und bequemer. Sie nehmen ihren Ausgang von einer Deutung dessen, was wir in 5.1 angeführt haben:

(x, y) ∈ F dann und nur dann, wenn y = F(x),

F = {(x, y) | y = F(x)}.

Wie muß man denn die Gleichung y = F(x) deuten? Man könnte sagen: F ordnet x einen Wert y zu. Aber auch andere Deutungen sind möglich.

Eine davon ergibt sich, wenn man sagt, die Gleichung y = F(x) *führt x in y über*. Man nennt in diesem Fall F einen *Operator*. Das Objekt y heißt dann *Bild von* x. In anderen Fällen wieder deutet man die Gleichung y = F(x) als Ausdruck dessen, daß y dem Objekt x *entspricht*. Dabei nennt man F eine *Korrespondenz* und y den *Korrespondenten von* x. Manchmal heißt x der *Vorgänger* und y der *Nachfolger*.

5.3. Spezielle Typen von Funktionen

Bei den bisher besprochenen Funktionen handelte es sich stets um Funktionen über einer Menge A mit Werten in einer Menge B. Wenn F eine Funktion von A nach B ist, so ist der Definitionsbereich von F, wie wir wissen, eine Untermenge von A. Der Wertebereich von F ist eine Untermenge von B. Bisher waren diese Untermengen von A und B vollkommen unabhängig. Wir gehen nun daran, diese Untermengen von A und B zu spezifizieren und in jedem Fall die Konsequenzen zu untersuchen.

Eine Funktion F von A mit Werten in B kann beispielsweise jedem Element aus ihrem Definitionsbereich dasselbe Element ihres Wertebereiches zuordnen. Dieser Wertebereich besteht dann nur aus einem einzigen Element. In diesem Fall nennt man F eine *konstante Funktion*.

Nehmen wir für A = {1, 2, 3} und für B = {b, c, d}. Der Bereich der Variablen x sei A, der von y sei B. F sei eine Funktion von A nach B mit den folgenden Eigenschaften:

F führt 1 in c über, F führt 2 in c über, F führt 3 in c über. Anders ausgedrückt: c entspricht 1 bei F, c entspricht 2 bei F, c entspricht 3 bei F. Die Tabellenform von F lautet:

x	F(x)
1	c
2	c
3	c

oder

x	1	2	3
F(x)	c	c	c

Wir können auch sagen, F ist die Menge aller Paare (x, c), oder F(x) = c oder

$F = \{(x, y) \mid y = c\}$

(wobei wir die verschiedenen Arten, die Funktion F anzugeben, benutzt haben). Bild 72 stellt das Schaubild von F dar.

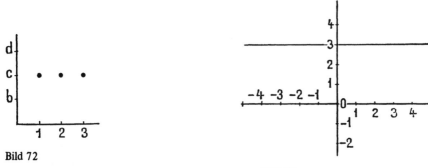

Bild 72

Bild 73

In einem anderen Beispiel seien x und y Variable, deren gemeinsamer Bereich die Menge D der Dezimalbrüche ist. Wir betrachten die Funktion G von D nach D, die durch G(x) = 3 gegeben ist. G(x) ist also eine konstante Funktion, deren Schaubild in Bild 73 dargestellt ist. Dieses Schaubild ist eine paralle Gerade im Abstand von drei Einheiten oberhalb der Abszisse.

Wir betrachten nun einen zweiten speziellen Funktionstyp. Eine Funktion F von A nach B kann die folgende Eigenschaft haben: Es gibt keine zwei Elemente von A, die durch F in dasselbe Element von B übergeführt werden. Eine solche Funktion führt verschiedene Elemente von A immer in verschiedene Elemente von B über. Mit anderen Worten heißt das: Die Funktion F verbindet mit jedem x von A höchstens ein Element y von B und jedes Element y von B wird durch F höchstens mit einem Element x von A verbunden. Von einer solchen Funktion sagt man allgemein, sie ordne die Elemente y und x *eineindeutig* einander zu. Man spricht dann auch von einer 1-1-*Korrespondenz*.

Nehmen wir zum Beispiel für A = {1, 2, 3} und für B = {b, c, d}.
Es handle sich um die folgenden Funktionen:

x	F(x)	x	G(x)	x	H(x)	x	J(x)
1	b	1	d	1	c	1	b
2	c	2	b	2	b	2	b
3	d	3	c	3	d	3	c

Die Funktionen F, G und H sind eineindeutig, die Funktion J dagegen nicht. Der Leser zeichne sich das Schaubild dieser vier Funktionen und überlege, ob man auch an Hand des Schaubildes die 1-1-Korrespondenz bestimmen könnte.

5.3. Spezielle Typen von Funktionen

Ist U eine endliche Menge mit n Elementen und F eine 1-1-Korrespondenz mit dem Definitionsbereich U und dem Wertebereich U, so nennt man im allgemeinen F eine *Permutation* von U.

Es sei U = {a, b, c}. Die Bilder 74 und 75 zeigen zwei Permutationen von U. Wie könnte man diese festlegen? Es gibt noch vier andere Permutationen von U. Der Leser wird ihre Schaubilder sicher leicht finden.

Bild 74　　　　　　　　　　Bild 75

Wie bereits bemerkt wurde, kann F eine Funktion von U nach U sein. Wir können dann F als Operator auffassen, der auf ein Element seines Definitionsbereiches angewandt wieder ein Element von U liefert. In diesem Fall nennt man F eine *einstellige* Operation in U. Das Resultat F(a) einer einstelligen Operation wird häufig durch ein anderes Symbol bezeichnet.

Setzen wir U = I, wobei I die Menge der ganzen Zahlen ist. Für F nehmen wir eine Funktion von I nach I, so daß F(x) die zu x inverse Zahl ist. (Es ist klar, daß der Bereich von x I ist). Die Funktion F kann als *einstellige Operation* aufgefaßt werden: Das Resultat F(x) ist − x.

Nehmen wir weiter für U die Menge aller von Null verschiedenen Brüche. z sei eine Variable mit dem Bereich U. Wir betrachten die Funktion G von U nach U, die durch G(z) = 1/z bestimmt ist, wir sagen hier G(z) = das Inverse (bezüglich der Multiplikationen) von z und führen gleichzeitig das Symbol 1/z für das Inverse ein. Die Funktion G kann als einstellige Operation aufgefaßt werden: Sie beschreibt, wie man die zu einer Zahl inverse Zahl bestimmt.

Nehmen wir schließlich für F eine Funktion von dem Cartesischen Produkt U × U nach U. Eine derartige Funktion führt ein geordnetes Paar ihres Definitionsbereiches in ein Element c von U über. F läßt sich als Operation auffassen, die angewandt auf das geordnete Paar (a, b) ein neues Element c von U liefert. Als Operation aufgefaßt ist eine Funktion von U × U nach U eine *zweistellige* oder *binäre Operation* in U. Das Resultat F((a, b)) der Anwendung einer zweistelligen Operation in U auf das geordnete Paar (a, b) wird häufig auf eine andere Art gekennzeichnet, zum Beispiel indem man ein Sternchen (*) zwischen a und b einfügt und schreibt a * b = c.

Die Addition natürlicher Zahlen ist eine binäre Operation in N. Anstatt von der Additionsfunktion A von N × N nach N und der Summe A((m, n)) der beiden natürlichen Zahlen m und n zu sprechen, schreiben wir A((m, n)) in der Form m + n und sprechen von der binären Operation + in N.

Die Multiplikation der natürlichen Zahlen ist ebenfalls eine binäre Operation in N. Wir sprechen jedoch nicht von der Funktion der Multiplikation M von N × N nach N und wir bezeichnen das Produkt zweier natürlicher Zahlen nicht mit M((m, n)). Für dieses Produkt schreiben wir meistens m · n und sprechen dann von der Operation · in N.

Wir geben noch ein nicht so vertrautes Beispiel für eine binäre Operation an. Es sei U = {a, b, c}. U × U wird dann durch die Figur in Bild 76 dargestellt. Die Funktion F von U × U nach U sei

(x, y)	(a, a)	(b, a)	(c, a)	(a, b)	(b, b)	(c, b)	(a, c)	(b, c)	(c, c)
F(x, y)	c	b	a	a	b	c	c	b	a

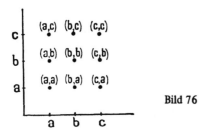

Bild 76

Eine solche Funktion F ist eine binäre Operation in U, deren Definitionsbereich ganz U × U und deren Wertebereich ganz U ist. Wir führen das Symbol ∗ ein und setzen

$x \ast y = F((x, y))$

Die obige Tabelle erhält dann die Form

(x, y)	(a, a)	(b, a)	(c, a)	(a, b)	(b, b)	(c, b)	(a, c)	(b, c)	(c, c)
x ∗ y	c	b	a	a	b	c	c	b	a

Dafür kann man auch übersichtlicher schreiben:

c	c	b	a
b	a	b	c
a	c	b	a
∗	a	b	c

Diese Tabelle liest man so: Der Wert von x ∗ y ist der Gitterpunkt, der der Zeile x und der Spalte y entspricht. Zum Beispiel b ∗ c = b, c ∗ a = a. (Wenn die Menge U endlich ist, gibt man eine binäre Operation ∗ häufig durch eine Tabelle an).

5.4. Übungen

1. Es sei A = $\{1, 2, 3\}$ und B = $\{a, b, c\}$. Die folgenden Schaubilder definieren Relationen zwischen A und B

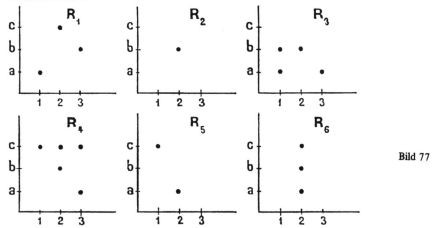

Bild 77

a) Man gebe an, welche Relationen Funktionen sind.
b) Für die Funktionen unter den Relationen gebe man Definitionsbereich und Wertbereich an.
c) Für die Relationen, die keine Funktionen sind, beweise man diese Eigenschaft durch ein Beispi
d) Für welche Relation ist die inverse Relation eine Funktion?

2. Die folgenden Mengen geordneter Paare bestimmen gewisse Relationen in der Menge N der natürlichen Zahlen. In jedem Fall gebe man an, ob die Relation eine Funktion ist oder nicht und begründe die Entscheidung. Dieselbe Entscheidung treffe man auch für die inversen Relationen:

a) (3, 1), (4, 2), (5, 2), (4, 3), (1, 2);
b) (1, 3), (2, 4), (3, 5), (4, 5), (5, 5), (6, 5);
c) (1, 5), (2, 7), (3, 4), (4, 4), (5, 7), (6, 9);
d) (1, 1), (2, 2), (3, 3), (4, 4), (5, 5);
e) (1, 1), (1, 2), (1, 3), (1, 4), (1, 5);

3. a) A sei die Menge $\{1, 2\}$. Wieviele Funktionen von A nach A mit dem Definitionsbereich A kann man dazu konstruieren?
b) Welche Bedingung muß eine Funktion erfüllen, damit die inverse Relation auch eine Funktion ist?

4. Gegeben sei eine Relation

R = $\{(x, y) \mid y = 3$ für $x < 2$ und $y = 4$ für $x > 2\}$.

Ist R eine Funktion? Warum?

5. Betrachten wir die folgenden Funktionen von N nach N:

a) $F_1 = \{(x, y) \mid y = x\}$;
b) $F_2 = \{(x, y) \mid y - 2x = 0\}$;
c) $F_3 = \{(x, y) \mid y = 4\}$;
d) $F_4 = \{(x, y) \mid y = \frac{10}{x}\}$;
e) $F_5 = \{(x, y) \mid x$ ist gerade und $y = 2x\}$;
f) $F_6 = \{(x, y) \mid y = x$, wenn x ungerade und $y = x - 1$, wenn x gerade$\}$.

Man zeichne die Schaubilder der Funktionen und gebe in jedem Fall den Definitionsbereich und den Wertebereich an. Es ist zu bestimmen, ob die inverse Relation eine Funktion ist.

6. a) Welche der folgenden Relationen sind funktionale Relationen in N? Man gebe für jede der folgenden Funktionen den Definitionsbereich und den Wertebereich an:

$R_1 = \{(x, y) \mid y = x^2\}$, $R_2 = \{(x, y) \mid y^2 = x\}$,
$R_3 = \{(x, y) \mid y > x\}$, $R_4 = \{(x, y) \mid x^2 + y^2 = 25\}$.

b) Man untersuche dieselben Relationen in der Menge I der ganzen Zahlen. Welche Relationen sind Funktionen und was ist ihr Definitions- und Wertebereich?

7. Man betrachte die Relationen R_1, R_2, R_3, R_4, R_5 und R_6 aus Übung 1. Welche unter den folgenden Relationen sind Funktionen:

a) $R_1 \cap R_3$,   b) $R_2 \cap R_5$,
c) $(R_3 \cup R_4)'$,   d) $(R_3 \cup R_6) \cap R_1$?

8. F_1 und F_2 seien Funktionen von A nach B. Man zeige:

a) $F_1 \cap F_2$ ist eine Relation zwischen A und B mit dem Definitionsbereich (Definitionsbereich F_1) $\cap$ (Definitionsbereich F_2).

b) $F_1 \cup F_2$ ist eine Funktion, wenn (Definitionsbereich F_1) $\cap$ (Definitionsbereich F_2) = ϕ.

9. Welche charakteristische Eigenschaft besitzt das Schaubild einer Funktion, deren inverse Relation ebenfalls eine Funktion ist?

10. N sei die Menge der natürlichen Zahlen. F sei die Funktion von N nach N, die durch $F = \{(x, y) \mid y = x + 5\}$ beschrieben wird.

a) Welchen Wert hat y für x = 1, 3, 4, 7?
b) Welchen Wert hat F(x) für x = 1, 3, 4, 7?
c) Man gebe an, ob die folgenden Paare Elemente von F sind:

(1, 6),   (4, 9),   (2, F(2)),   (2, F(3)),   (3, 7),   (7, 3),   (0, 5),   (x, F(x)),

wobei $x \in N$.

11. Wir geben hier einige Funktionen von D nach D an, wobei D die Menge der reellen Zahlen ist:

a) $F = \{(x, y) \mid y = 2x\}$;   d) $F = \{(x, F(x)) \mid F(x) = x^2\}$;
b) $F = \{(x, y) \mid y = 4\}$;   e) $F = \{(x, F(x)) \mid F(x) = \frac{12}{x}\}$;
c) $F = \{(x, y) \mid y = 6x - x^2\}$;   f) $F = \{(x, F(x)) \mid F(x) = x^2 - 3x + 2\}$.

Für jede dieser Funktionen gebe man die unten verlangten Werte an:

$F(1)$, $F(2)$, $F(-1)$, $F\left(\frac{1}{2}\right)$, $F(6)$, $F(-6)$, $F(0, 1)$, $F(0)$.

12. F sei eine Funktion von D nach D, so daß $F(x) = x^2 + 3x - 1$. Welche unter den folgenden Paaren sind Elemente von F:

a) (1, 3); b) (3, 1); c) (2, 8); d) (2, 9); e) (3, 17); f) (-1, -3); g) (-3, -1);
h) $\left(\frac{1}{2}, \frac{1}{2}\right)$; i) (0, -1)?

5.4. Übungen

13. F sei eine Funktion von D nach D mit der Eigenschaft F(2) = 8. Man schreibe diese Eigenschaft auf fünf andere Arten.

14. Die Funktionen F_1, F_2, F_3 sind durch die folgenden Tafeln vollständig gegeben. Man zeichne deren Schaubilder.

x	1	2	3	4
$F_1(x)$	4	1	2	3

x	−1	−2	−3	−4
$F_2(x)$	−2	−3	−4	−1

x	−4	−2	0	1	4
$F_3(x)$	−2	−1	0	1	1

15. In der Folge werden vier Funktionen von N nach N definiert. Man stelle für jede davon eine Tabelle auf und bestimme Definitionsbereich und Wertebereich.

a) $F(x) = 3 - x$;   b) $F(x) = 77 - x^3$;

c) $F(x) = \dfrac{24}{x}$;   d) $F(x) = \sqrt{20 - x}$.

16. A sei die Menge $\{1, 2, 3, 4, 5, 6, 7, 8, 9\}$. Wir betrachten die funktionalen Relationen zwischen A und N, die durch

$$F = \{(x, y) \mid y = x^2\} \quad \text{und} \quad G = \{(x, y) \mid x = y^2\}$$

gegeben sind.

a) Man zähle die geordneten Paare auf, die den beiden funktionalen Relationen genügen.

b) Man vergleiche F und G.

17. a) R sei eine Relation in D, so daß $R = \{(x, y) \mid y^2 = x\}$. Man zeige, daß R keine Funktion ist.

b) Für eine Relation R in D sei $R = \{(x, y) \mid y = \sqrt{x}\}$. Man zeige, daß R eine Funktion ist.

18. Die Universalmenge sei $U = \{0, 1, 2, 3, 4, 5, 6, 7, 8, 9\}$. F_1, F_2, F_3, F_4 seien vier Funktionen von U nach U mit

$$F_1 = \{(x, y) \mid y = x + 3\},\ F_2 = \{(x, y) \mid y = 2x\},\ F_3 = \{(x, y) \mid y = x^2\},$$
$$F_4 = \{(x, y) \mid x^2 + y^2 = 25\}.$$

a) Man zähle auf, welche von „allen" geordneten Paaren Elemente von F_1, F_2, F_3 oder F_4 sind: (1, 4), (2, 4), (2, 5), (3, 6), (3, 5), (3, 9), (1, 1)

b) Man gebe für jede Funktion eine Tabelle an und zeichne das Schaubild.

6. Über die mathematische Sprache

6.1. Das Gespräch und der Satz

Mit dem Kapitel 5 ist ein Teil unseres Vorhabens abgeschlossen worden: Wir haben bisher, im allgemeinen auf die Intuition gestützt, einige der fundamentalen mathematischen Begriffe beschrieben. Dabei haben wir auch versucht, auf möglichst einfache Weise eine Vorstellung davon zu vermitteln, was gewisse Begriffe des mathematischen Vokabulars bedeuten sollen, wie etwa die Begriffe, Menge, Element, Zugehörigkeit, geordnetes Paar, Relation u. a.

Wir gehen jetzt daran, auf elementare Weise die Struktur mathematischer Überlegungen von ihrer fundamentalen sprachlichen Einheit aus, nämlich dem *Satz*, zu untersuchen. Dabei wollen wir sehen, wie wir solche Sätze modifizieren und miteinander kombinieren können, bis sie die gewünschten Überlegungen formulieren.

Die Mathematik stellt eine Art der wissenschaftlichen Redeweise dar. Schreibt man diese nieder, so erscheint sie als Kette von Zeichen oder Symbolen (Wörtern, Zahlen, Figuren,...), deren Einheiten man „Sätze" nennt. Es gibt verschiedene Arten von Sätzen: Behauptungen, Ausrufe, Fragen, u. a. Wir verwenden, wenn nicht ausdrücklich etwas anderes gefordert wird, den Ausdruck Satz im Sinne einer *Feststellung*, und wir betrachten den Satz als *primäre* Einheit der Rede.

Nach unser Vereinbarung über den Sinn des Wortes Satz, ist es klar, daß „Wer hat das Tafeltuch auf den Ofen gelegt?", „Feuerwehrmann, retten Sie meinen Sohn!", „Sänger, nimm deine Laute!" keine Sätze sind.

Die folgenden Ausdrücke sind Sätze im angegebenen Sinn: „4 ist eine ganze Zahl", „Einige Säugetiere legen Eier", „Christoph Kolumbus hat Amerika 1492 entdeckt", „Alle Primzahlen sind ungerade", „$5 + 4 = 9$", „Die Quadratur des Kreises ist mit Zirkel und Lineal nicht durchführbar".

Gewisse Sätze, aber sicher nicht alle, haben einen Sinn. Wir sagen: „Der Satz hat einen Sinn" wenn er den Eindruck vermittelt, daß sein Inhalt wahr oder falsch ist. Um solche Sätze von anderen zu unterscheiden, bezeichnen wir sie mit dem eigenen Namen *Aussagen*.

Einer Aussage läßt sich also ein *Wert* (auch Wahrheitswert genannt) zuschreiben, den wir durch einen Buchstaben bezeichnen, nämlich mit w, wenn der Satz wahr ist, und mit f, wenn er falsch ist[1]). Darüber hinaus sollten die Aussagen so formuliert werden, daß sie unabhängig sind von dem, der sie ausspricht, sowie von der Zeit und dem Ort, wo sie ausgesprochen werden.

---

[1]) Dabei ist eine gewisse Idealisierung enthalten. Wir nehmen an, daß alle Sätze ohne jegliche Unsicherheit über ihren Sinn und ohne Zweideutigkeit niedergeschrieben werden können. Eine derartige Hypothese ist für eine präzise Diskussion notwendig und in der Mathematik fast immer erfüllt.

6.1. Das Gespräch und der Satz

Die folgenden Aussagen geben einige Beispiele für den Begriff des Wertes. Es gilt etwa „4 ist eine ganze Zahl" (w), „Einige Säugetiere legen Eier" (w), „Christoph Kolumbus entdeckte Amerika 1492" (w), „5 + 4 = 9" (w), „Die Quadratur des Kreises ist mit Zirkel und Lineal nicht durchführbar" (w).

Man hüte sich vor Aussagen wie etwa „Alle natürlichen Zahlen haben in Dezimaldarstellung mindestens zwei Ziffern", die „nicht immer wahr" sind, oder die nur „teilweise wahr" sind oder „wahr mit Ausnahme von neun Fällen". Wenn in einem einzigen Fall die Aussage falsch ist, so ist ihr Wert f. Natürlich hat die Aussage „Alle natürlichen Zahlen außer den ersten neun haben in Dezimaldarstellung mindestens zwei Ziffern" den Wert w, aber diese Aussage unterscheidet sich von der vorigen wesentlich.

Der Satz „Am 11. Juli 1991 beobachtet man auf Hawai eine Sonnenfinsternis" hat den Wert w, denn wir glauben den Astronomen. Auch wenn wir die Sätze „Christoph Kolumbus entdeckte Amerika 1492" (w) und „Die Quadratur des Kreises ist mit Zirkel und Lineal nicht durchführbar" (w) als wahr bezeichnen, so vertrauen wir den Historikern oder den Geometern.

Im Gegensatz dazu ist der Satz „x ist eine große Stadt" keine Aussage. Wenn wir für „x" verschiedene Städtenamen einsetzen, erhalten wir zum Beispiel die Sätze „Paris ist eine große Stadt" oder „Moskau ist eine große Stadt", also zwei Aussagen mit dem Wert w. Aber bei „Buxtehude ist eine große Stadt" ist das nicht der Fall, diese Aussage ist falsch.

Ein Satz von dieser Art kann keine Aussage sein, da eine Variable auftritt. Was dieser Satz ausdrückt ist weder vollständig, noch explizit bekannt.

Damit ein Gespräch exakt wird, muß für jede Variable, die es enthält, ein Bereich festgelegt sein. Wenn wir in einem Satz eines solchen Gespräches die Variable durch ein Objekt ihres Bereiches ersetzen, so erhalten wir eine Aussage. Ein derartiger Satz heißt *„Aussageform"*. Die Menge der Aussagen, die man erhält, indem man die Variablen der Aussageform durch Objekte ihrer Bereiche ersetzt, nennt man *Bereich der Aussageform*.

Die Variable x habe als Bereich die Menge I der ganzen Zahlen. Die Aussageform lautet:

x ist eine natürliche Zahl.

Ersetzt man hier x durch die Objekte der Menge I, so erhält man die Aussagen

2 ist eine natürliche Zahl,
1 ist eine natürliche Zahl,
0 ist eine natürliche Zahl,
− 1 ist eine natürliche Zahl.

Diese Reihe ließe sich beliebig weit fortsetzen. Man erhält unendlich viele Aussagen. Die ersten beiden Aussagen sind wahr, die beiden folgenden sind falsch.

Wir geben noch ein anderes Beispiel. z sei eine Variable, deren Bereich die Menge der im Telefonbuch für den Distrikt Paris angeführten Personen ist. Die Aussageform

z ist ein Bewohner der Champs-Elysées

hat als Bereich eine große Zahl von Aussagen, etwa eine Million, von denen aber vielleicht hundert wahr sind.

Eine Aussageform selbst ist also weder wahr noch falsch. Sie bildet keine Aussage, sondern ein Verfahren zur Herstellung von Aussagen. In der Mathematik sind Sätze entweder Aussagen oder Aussageformen.

Von der Umgangssprache wissen wir, daß man zwei und mehr Sätze zu neuen Sätzen zusammenfassen kann. Dies erreicht man meistens durch Bindewörter wie „und", „oder", „weil", „obwohl", „aber", „außer". Ein Satz läßt sich aber auch in einen neuen Satz überführen, indem man gewisse Ausdrücke voranstellt, zum Beispiel „es ist nicht der Fall, daß", „es ist wahrscheinlich, daß" u. a. Diese Ausdrücke modifizieren einen Satz. Wir nennen sie daher einfach *Modifikatoren*. Bindewörter und Modifikatoren treten in allen Gesprächen auf. Man kann sie als „logische Bestandteile" des Satzes betrachten.

Ausgehend von den Sätzen

die Sonne scheint,

und

es regnet,

können wir zum Beispiel die neuen Sätze bilden:

die Sonne scheint und es regnet;
die Sonne scheint, aber es regnet;
die Sonne scheint nicht, aber es regnet;
die Sonne scheint nicht, weil es regnet.

Jeder wird zugeben, daß „Die Sonne scheint und es regnet" und „Es regnet und die Sonne scheint" denselben Sinn haben. Sicher ist jeder auch mit der folgenden Abkürzung vertraut: „Die Sonne scheint, es regnet", wo das Komma die Stelle von „und" vertritt.

Man kann auch kompliziertere Kombinationen bilden. Zum Beispiel:

die Sonne scheint oder es regnet;
wenn es regnet, dann scheint die Sonne nicht.

Für den Augenblick beschäftigen wir uns nicht mit dem Wert dieser Sätze. Wir bemerken nur, daß sie aus zwei ganz einfachen Sätzen zusammengesetzt sind.

6.1. Das Gespräch und der Satz

Ebenso kann man mit Hilfe der Sätze „x ist eine ganze Zahl", „x ist größer als 4" und x ist größer als 0" die folgenden Modifikationen oder Kombinationen bilden:

x ist eine ganze Zahl und x ist größer als 4;
x ist größer als 4 und 4 ist größer als 0;
wenn x größer als 4 ist, dann ist x größer als 0;
x ist eine ganze Zahl nur dann, wenn x größer als 4 ist;
x ist größer als 4 und es ist nicht der Fall, daß x eine ganze Zahl ist;
x ist eine ganze Zahl dann und nur dann, wenn x größer als 4 ist.

Wir stellen nochmals fest: Ein Satz kann zu einem anderen Satz modifiziert oder mit einem Satz (oder mehreren Sätzen) zu einem neuen Satz verbunden werden. Ein Satz heißt *zusammengesetzt*, wenn er 1. durch Modifikation eines anderen Satzes, 2. durch Verbindung zweier oder mehrerer Sätze gewonnen wurde. Die modifizierten oder verbundenen Sätze heißen *elementare Sätze*. Die Art, in der sie durch Modifikation gewonnen oder durch Bindewörter miteinander verbunden wurden, heißt *logische Struktur* des zusammengesetzten Satzes. Die Logik untersucht den Einfluß der logischen Struktur auf den Wert der zusammengesetzten Sätze.

Der Sinn eines zusammengesetzten Satzes hängt wesentlich von der Art der verwendeten Modifikatoren oder Bindewörter ab, d. h. von der logischen Struktur. Unsere Erfahrung bezieht sich auf die große Mannigfaltigkeit von zusammengesetzten Sätzen, von denen jeder eine unterschiedliche Bedeutung besitzt. In der Umgangssprache wird einem das besonders deutlich. Dort tragen die Bindewörter und selbst ihre Stellung im Satz zu rhetorischen Effekten wie Betonung, Wohlklang u. a. bei.

Auch in der Mathematik kennt man die große Mannigfaltigkeit zusammengesetzter Sätze. Aber die Umstände liegen dort für eine präzise Analyse viel günstiger. Die Bindewörter und die Modifikatoren haben in der Mathematik eine genau festgelegte Bedeutung. Rhetorische Effekte spielen dabei keine Rolle. Bei zusammengesetzten Sätzen beeinflussen nur solche Unterschiede den Wert der Aussage (wenn es einen solchen gibt), die sich auf das Subjekt beziehen. Diese Bedingungen verleihen uns einen überraschenden Vorteil: Die zusammengesetzten Sätze erhält man mit Hilfe einer kleinen Anzahl von Wörtern. Unter diesen führen wir insbesondere die Bindewörter *„und"*, *„oder"*, *„wenn... dann..."*, *„dann und nur dann, wenn"* und den Modifikator *„es ist nicht der Fall, daß"* an [1]).

Wir wollen nun die logische Bedeutung dieser Bindewörter und Modifikatoren untersuchen.

---

[1]) Wir erwähnen als Besonderheit, daß man alle mathematischen Sätze mit Hilfe der Bindewörter „und" und „oder" und dem einzigen Modifikator „nicht" aufbauen kann. Es ist sogar möglich, mit einem Bindewort und ohne Modifikator auszukommen. Die Durchführung ist dann jedoch sehr aufwendig und die Sätze wirken wenig natürlich.

6.2. Modifikatoren und Bindewörter

Wir gehen von zwei Sätzen aus. Diese können durch „nicht" modifiziert oder durch „oder", „und" u. ä. verbunden werden.

Die Ergebnisse sind offenbar zusammengesetzte Sätze.

Wir nehmen für unsere Anfangssätze die beiden Aussagen P und Q.

P = Die Blume auf dem Tischtuch ist weiß.

Q = Das Kind hat das Tintenfaß auf dem Tischtuch ausgeleert.

Einige der daraus konstruierten zusammengesetzten Sätze sind dann:

a) *Es ist nicht der Fall,* daß die Blume auf dem Tischtuch weiß ist (nicht P).

b) Das Kind hat das Tintenfaß auf dem Tischtuch *nicht* ausgeleert (nicht Q).

c) Die Blume auf dem Tischtuch ist weiß *und* das Kind hat das Tintenfaß auf dem Tischtuch ausgeleert (P und Q).

d) Die Blume auf dem Tischtuch ist weiß *oder* das Kind hat das Tintenfaß auf dem Tischtuch ausgeleert (P oder Q).

e) *Wenn* das Kind das Tintenfaß auf dem Tischtuch ausgeleert hat, *dann* ist die Blume auf dem Tischtuch weiß (Wenn P, dann Q).

Wir stellen nun die Frage, ob die zusammengesetzten Sätze Aussagen sind, wenn die elementaren Sätze es sind. Die Antwort ist einfach: Nein, solange wir noch nicht wissen, ob diese zusammengesetzten Sätze einen Wahrheitswert besitzen. Für die Beantwortung dieser Frage genügt es zu wissen, *ob* der zusammengesetzte Satz einen Wert hat, *welchen* Wert er hat, ist dabei gleichgültig. Unsere Intuition scheint uns zu der Auffassung zu führen, daß es sich hier wohl um eine Aussage handelt. Die Vorstellung vom Wert des zusammengesetzten Satzes ergibt sich einzig und allein aus den Werten der einzelnen elementaren Sätzen. Wir bedienen uns des folgenden Prinzips:

Der Wert eines zusammengesetzten Satzes ist durch die Werte seiner elementaren Sätze bestimmt. Er hängt von der logischen Struktur des zusammengesetzten Satzes ab.

Hieraus ergibt sich aber ein anderes Problem: *Wenn man die Werte der elementaren Sätze und die logische Struktur des zusammengesetzten Satzes kennt, wie ist dann dessen Wert zu bestimmen?*

Kehren wir zu den früheren Beispielen zurück: Angenommen, P und Q seien wahr. Dann scheint es natürlich zu sein, wenn wir auch annehmen, daß a) und b) falsch seien, c) hingegen, ebenso wie d) und e) wahr. Dabei ist es nicht schwer, entsprechende Werte zuzuteilen. Aber nehmen wir an, P sei wahr, Q aber nicht, oder P und Q seien beide falsch. Die Bestimmung der Werte der zusammengesetzten Sätze erweist sich dann als eine weit schwierigere Aufgabe. Es ist dann notwendig, ein geeignetes Verfahren zur Bestimmung des Wertes zu entwickeln.

Wir werden im folgenden die Ausgangsaussagen immer mit P und Q bezeichnen und wollen uns mit den folgenden zusammengesetzten Sätzen befassen:

„*Es ist nicht der Fall, daß* P" (oder einfach *nicht* P), „P *und* Q", „P *oder* Q", „*wenn* P, *dann* Q", „P *dann und nur dann, wenn* Q".

6.2. Modifikatoren und Bindwörter

Wir geben diesen Sätzen eigene Namen. *Nicht* P ist die *Negation* von P. P *und* Q ist die *Konjunktion* von P und Q. P *oder* Q ist die *Disjunktion* von P und Q. *Wenn* P, *dann* Q ist die *Implikation*, und schließlich P *dann und nur dann, wenn* Q ist die *Äquivalenz* von P und Q.

Wir müssen nun genau festlegen, in welchen Fällen die betrachteten fünf zusammengesetzten Sätze als Aussagen aufzufassen sind.

Welchen Wert soll man diesen zusammengesetzten Sätzen zuweisen, wenn die Werte von P und Q bekannt sind?

Als erstes betrachten wir den einfachen Fall der *Negation*. Wenn P den Wert w hat, so geben wir *nicht* P den Wert f. Wenn umgekehrt P den Wert f hat, so geben wir *nicht* P den Wert w. Um die Schreibweise zu vereinfachen und diese Vereinbarung einprägsamer zu machen, schreiben wir die Negation von P symbolisch in der Form $\neg$ P[1]). Das Ergebnis unser Vereinbarung schreiben wir in Form einer Tabelle, wobei die erste Spalte den Wert von P und die zweite Spalte die entsprechende Werte der Negation von P angibt:

P	$\neg$ P
w	f
f	w

Nun untersuchen wir die zusammengesetzten Sätze der Form

P *und* Q

Man ist geneigt, die Verknüpfung „*und*" als stark bindend aufzufassen und „P *und* Q" nur dann als wahr zu betrachten, wenn sowohl „P" als auch „Q" wahr sind. Wir bezeichnen die *Konjunktion* durch das Symbol (P$\wedge$Q)[1]) und fassen die Ergebnisse in der folgenden Tabelle zusammen:

P	Q	P$\wedge$Q
w	w	w
w	f	f
f	w	f
f	f	f

Bei der Disjunktion

P *oder* Q

ist man geneigt, „*oder*" als schwache Bindung aufzufassen und daher „P *oder* Q" nur dann als falsch anzusehen, wenn sowohl „P" als auch „Q" falsch ist. Mit dem Symbol P $\vee$ Q für die Disjunktion erhalten wir die folgende Tabelle

---

[1]) Das Negationszeichen erinnert an das Minuszeichen. Wir schreiben für die Disjunktion das Symbol $\vee$ (Anfangsbuchstabe von *vel*, dem lateinischen *oder*). Darin liegt die Begründung für die Wahl des Symbols $\wedge$ für *und*.

P	Q	P∨Q
w	w	w
w	f	w
f	w	w
f	f	f

Betrachten wir nun die *Implikation*. Eine einfache Überlegung zeigt, daß der einzige Fall, in dem „*Wenn P, dann* Q" falsch ist, der ist, in dem P wahr, Q aber falsch ist. Als Abkürzung für die Implikation führen wir das Symbol P → Q ein. Vereinbarungsgemäß erhalten wir dann die Ergebnisse der folgenden Tabelle:

P	Q	P→Q
w	w	w
w	f	f
f	w	w
f	f	w

In Verbindung mit der Implikation tritt eine gewisse Terminologie auf. Man nennt P häufig das *Antezedens* und Q die *Konsequenz*.

Mit der Implikation verknüpft sind drei neue Aussagen:

Q → P (die zu „P → Q" *reziproke* Aussage genannt),
(¬P) → (¬Q) (die zu „P → Q" *inverse* Aussage genannt),
(¬Q) → (¬P) (die zu „P → Q" *kontrapositive* Aussage genannt),

Aus der Gültigkeit von „P → Q" kann man nichts über die Gültigkeit von „Q → P" oder von „(¬P) → (¬Q) schließen. Wir werden aber noch sehen, daß der Wert einer Implikation mit dem Wert ihrer Kontraposition direkt verbunden ist.

Schließlich untersuchen wir noch die *Äquivalenz*

P dann und nur dann, wenn Q.

Wir erwarten, daß der Wert dieses zusammengesetzten Satzes wahr ist, wenn „P" und „Q" denselben Wert haben. Stellt man die Äquivalenz durch das Symbol P ↔ Q dar, so können wir das Resultat in der folgenden Tabelle zusammenfassen:

P	Q	P↔Q
w	w	w
w	f	f
f	w	f
f	f	w

Damit haben wir also die Ergebnisse der Negation, Konjunktion, Disjunktion, Implikation und Äquivalenz in Tabellen zusammengestellt. Der Leser wird gut daran tun, sich diese Tabellen gut einzuprägen.

6.3. Allgemeingültige Aussagen

Die zusammengesetzten Aussagen können selbst wieder aus mehr oder weniger komplizierten Aussagen gebildet sein. Der folgende Satz gibt ein Beispiel dafür:

$[P \wedge (P \rightarrow Q)] \rightarrow Q.$

Man beachte die Rolle der runden und eckigen Klammern: Sie legen die logische Struktur des gegebenen Satzes fest. Hier handelt es sich um eine Implikation, deren Antezedens die Konjunktion $P \wedge (P \rightarrow Q)$ und deren Konsequenz Q ist. Im allgemeinen benutzt man die Zeichen „( )", „[ ]", um einen Satz verständlich zu machen.

Hätte man in dem vorangehenden Beispiel die eckigen Klammern nicht gesetzt, so wäre die logische Struktur des Satzes zweideutig geblieben. Denn $P \wedge (P \rightarrow Q) \rightarrow Q$ kann die Konjunktion „$P \wedge [(P \rightarrow Q) \rightarrow Q]$ oder die Implikation $[P \wedge (P \rightarrow Q)] \rightarrow Q$ sein. Dasselbe gilt für die runden Klammern.

Derartige Gebilde nennen wir zusammengesetzte Sätze. Wir könnten sie auch *zusammengesetzte Aussagen* nennen, was insbesondere zutrifft, wenn der Wert der elementaren Sätze bekannt ist. Die Bestimmung ihrer Werte kann schrittweise erfolgen, indem man bei den elementaren Sätzen beginnt und zu den zusammengesetzten Sätzen fortschreitet.

Betrachten wir nun ein Beispiel.

Wir nehmen an, der Wert der Aussagen P und Q sei f. Welchen Wert hat die Aussage

$[P \wedge (P \rightarrow Q)] \rightarrow Q?$

Wir zerlegen zuerst diese Aussage und erhalten:

logische Struktur des Satzes: Implikation,
Antezedens: $P \wedge (P \rightarrow Q)$
Konsequenz: Q.

Wenn wir den Wert des Antezedens und den Wert der Konsequenz einer Implikation wissen, so wissen wir gemäß unserer Tabellen auch den Wert der Implikation. Hier wissen wir, daß der Wert von Q f ist. Untersuchen wir nun das Antezedens:

logische Struktur: Konjunktion,
erste Komponente: P
zweite Komponente: $P \rightarrow Q$.

Mit den Werten der beiden Komponenten ist auch der Wert der Konjunktion bekannt. Wir wissen jedoch nur, daß die Werte von P und Q f sind. Also hat $P \rightarrow Q$ den Wert w und $P \wedge (P \rightarrow Q)$ den Wert f. Da Q den Wert f hat, ist der Wert unseres ursprünglichen zusammengesetzten Satzes w.

Man kann die vorausgehende Analyse systematisieren. Sie wird dann äußerst einfach. Die Aussagen, mit denen wir es zu tun haben sind P, Q,P → Q, P ∧ (P → Q) und [P ∧ (P → Q)] → Q. Man kann unter P und Q die entsprechenden Werte schreiben:

P	Q	P → Q	P ∧ (P → Q)	[P ∧ (P → Q)] → Q
f	f	w	f	w

Unter Benützung der Tabellen, wenn man deren Inhalt nicht bereits auswendig weiß, vervollständigt man das Schema dann schrittweise, so daß

P	Q	P → Q	P ∧ (P → Q)	[P ∧ (P → Q)] → Q
f	f	w	f	w

Aufgrund unserer Kenntnisse kann der Wert von [P ∧ (P → Q)] → Q für alle Wertekombinationen von P und Q aufgefunden werden. Verfährt man so, wie es eben gezeigt wurde auch in den übrigen Fällen, so findet man

P	Q	P → Q	P ∧ (P → Q)	[P ∧ (P → Q)] → Q
w	w	w	w	w
w	f	f	f	w
f	w	w	f	w
f	f	w	f	w

Eine bemerkenswerte Folgerung aus dieser Tabelle ist, daß für beliebige Werte von P und Q der Wert von [P ∧ (P → Q)] → Q stets w ist.

Weiter unten haben wir drei weitere Tabellen konstruiert. Man versuche, jede davon zu verifizieren. Eine solche Verifikation muß zwei Teile umfassen: Zuerst eine Analyse der verwendeten elementaren Aussagen sowie eine Analyse der logischen Struktur der Aussage, hierauf eine Kontrolle der Werte in jeder Spalte mit Hilfe der früher angegebenen Tabellen

P	Q	(¬P)	(¬P) ∨ Q
w	w	f	w
w	f	f	f
f	w	w	w
f	f	w	w

P	Q	(¬P)	(¬Q)	(¬Q) → (¬P)
w	w	f	f	w
w	f	f	w	f
f	w	w	f	w
f	f	w	w	w

P	Q	P → Q	Q → P	(P → Q) ↔ (Q → P)
w	w	w	w	w
w	f	f	w	f
f	w	w	f	f
f	f	w	w	w

6.3. Allgemeingültige Aussagen

Der Wert jedes zusammengesetzten Satzes kann immer direkt bestimmt werden. Nachdem man bei der Bildung der Tabelle alle möglichen Kombinationen berücksichtigen muß, kann eine solche manchmal recht umfangreich werden. Bei drei Aussagen P, Q, R gibt es bereits $2^3 = 8$ mögliche Kombinationen und somit eine Tabelle mit acht Zeilen:

P	Q	R	P∨Q	P∧R	(P∨Q)→(P∧R)
w	w	w	w	w	w
w	w	f	w	f	f
w	f	w	w	w	w
w	f	f	w	f	f
f	w	w	w	f	f
f	w	f	w	f	f
f	f	w	f	f	w
f	f	f	f	f	w

Der Leser übe sich in der Aufstellung solcher Tabellen. Beispiele bieten die folgenden Sätze: $P \to (Q \to P)$, $(\neg P) \to (P \to Q)$, $(P \wedge Q) \to R$, $(R \to P) \vee Q$, $P \leftrightarrow [P \to (P \wedge Q)]$ und $(P \to Q) \vee (Q \to R)$.

Zusammenfassend können wir nun sagen: *Jeder aus den elementaren Sätzen (P, Q, R, ...) mit Hilfe des Modifikators und der Verknüpfungen* $\wedge$, $\vee$, $\to$, $\leftrightarrow$ *zusammengesetzte Satz ist eine zusammengesetzte Aussage. Ihr Wert läßt sich aus den Werten der in ihr enthaltenen elementaren Aussagen bestimmen.*

In dem Maße, in dem unsere Erfahrung im Umgang mit den Tabellen wächst, beobachten wir gewisse Phänomene. Einige zusammengesetzte Sätze haben stets den Wert w, das heißt unabhängig von der logischen Struktur und den Werten von P, Q usw. Eine andere Erscheinung ist die folgende: Gewisse Aussagenpaare sind so beschaffen, daß sie für alle Wertekombinationen für die elementaren Aussagen denselben Wert besitzen. Die Aussagen mit diesen Eigenschaften haben in der Theorie der Aussagen eine spezielle Bedeutung.

Unsere lange Untersuchung von $[P \wedge (P \to Q)] \to Q$ hat gezeigt, daß diese Aussage immer den Wert w hat. Sie ist also von der ersten angedeuteten Art. Ebenso verhält es sich mit $[P \to (Q \to P)]$, $(\neg P) \to (P \to Q)$ und $(\neg Q) \to (P \to Q)$. Ein Vergleich der Tabelle für $(\neg P) \vee Q$ und $(\neg Q) \to (\neg P)$ zeigt, daß beide Aussagen für alle Wertekombinationen von P und Q dieselben Werte besitzen. Dieses Aussagenpaar ist daher von der zweiten angekündigten Art.

Die Theorie, die man als *Aussagenalgebra* bezeichnet, befaßt sich mit dem Einfluß der logischen Struktur auf den Wert der zusammengesetzten Aussagen. Eine Aussage heißt *allgemeingültig*, wenn sie nur auf Grund ihrer logischen Struktur wahr ist. Zu einer derartigen allgemeingültigen Aussage gehört eine Tabelle, deren entsprechende Spalte nur w enthält.

Die Bedeutung der allgemeingültigen Aussagen liegt in der folgenden Tatsache: Jede Behauptung, die die Struktur einer allgemeingültigen Aussage hat, ist wahr, auf welches Subjekt sie sich auch bezieht.

Man verifiziert leicht, daß „$P \lor (\neg P)$" eine allgemeingültige Aussage der Aussagenalgebra ist. Sie stellt in jedem Bereich eine wahre Aussage dar. Ein Beispiel dafür aus der Geometrie ist: *„Zwei Gerade sind parallel oder sie sind nicht parallel"*. Ein Beispiel aus der Arithmetik: *„Eine natürliche Zahl ist gerade oder ungerade"*. Aus der Biologie: *„Ein Kleinlebewesen ist ein Tier oder ist nicht ein Tier"*. Aus der Soziologie: *Ein Europäer ist Franzose oder er ist nicht Franzose"*.

Einige der allgemeingültige Aussagen haben wegen ihrer besonderen Nützlichkeit einen eigenen Namen erhalten. Hier folgen einige Beispiele:

Allgemeingültige Aussagen der Aussagenalgebra

$P \lor (\neg P)$	Gesetz vom ausgeschlossenen Dritten.
$\neg [P \land (\neg P)]$	Gesetz der Kontradiktion.
$[(P \to Q) \land (Q \to R)] \to (P \to R)$	Gesetz des Syllogismus.
$P \leftrightarrow \neg(\neg P)$	Gesetz der doppelten Negation
$(P \to Q) \leftrightarrow [(\neg Q) \to (\neg P)]$	Gesetz der Kontraposition.

Natürlich gibt es unendlich viele allgemeingültige Aussagen. Der Leser kann die vorangehende Tabelle selbst mit Hilfe einfacher Bildungen beliebig erweitern.

Wir erinnern daran, daß zwei Aussagen *logisch äquivalent* heißen, wenn ihre Werte nur von ihrer logischen Struktur abhängen. Diese Beschaffenheit erinnert uns an die durch $\leftrightarrow$ verbundenen Aussagen, die eine allgemeingültige Aussage darstellen.

Es folgen Beispiele, die der Leser mit Hilfe des Vorangehenden überprüfen kann:

Logisch äquivalente Aussagen

Aussage	Logisch äquivalente Aussage
P	$\neg(\neg P)$
$P \to Q$	$\neg P \lor Q$
$P \to Q$	$(\neg Q) \to (\neg P)$
$P \leftrightarrow Q$	$(P \to Q) \land (Q \to P)$
$P \to (Q \land R)$	$(P \to Q) \land (P \to R)$
$(P \lor Q) \to R$	$(P \to R) \land (Q \to R)$
$\neg(\neg P)$	P
$\neg(P \land Q)$	$(\neg P) \lor (\neg Q)$
$\neg(P \lor Q)$	$(\neg P) \land (\neg Q)$
$\neg(P \to Q)$	$P \land (\neg Q)$
$\neg(P \leftrightarrow Q)$	$P \leftrightarrow (\neg Q)$ sowie $(\neg P) \leftrightarrow Q$

Das Wissen um die logische Äquivalenz zweier Aussagen ist deshalb von Bedeutung, weil sie gestattet, *die Struktur einer Aussage zu ändern, ohne befürchten zu müssen, daß dabei auch deren Bedeutung geändert wird.* Wenn zum Beispiel „¬(¬P)" in einer Aussage auftritt, so können wir den Ausdruck durch „P" ersetzen, ohne den Wert der Aussage, zu der er gehört, zu ändern, denn wie wir wissen sind P und ¬(¬P) logisch äquivalent. Ebenso dürfen wir „¬P∨Q" durch P → Q, ersetzen usw. Noch allgemeiner, wenn P logisch äquivalent zu Q ist, so darf überall P durch Q und Q durch P ersetzt werden.

Noch ein letzter Punkt ist zu beachten. Wir nennen eine Aussage P die *logische Negation* von Q, wenn P logisch äquivalent zur Negation von Q ist, also einfach wenn P ↔ ¬Q eine allgemeingültige Aussage ist. Die fünf ersten Paare der letzten Tabelle zum Beispiel sind äquivalente Aussagen vom Typ „¬P ↔ Q". Wir erhalten so die folgende Liste:

Aussage	logische Negation der Aussage
P	¬P
¬P	P
P∧Q	(¬P) ∨ (¬Q)
P∨Q	(¬P) ∧ (¬Q)
P → Q	P ∧ (¬Q)
P ↔ Q	P ↔ (¬Q)

In der Folge werden wir oft die Negation einer zusammengesetzten Aussage zu bilden haben. Gute Kenntnisse der bisherigen Ergebnisse werden dabei von großem Nutzen sein.

6.4. Quantoren

Unsere Untersuchung der Verwendbarkeit des Satzes in der Mathematik hat das folgende Ziel erreicht: Ein Satz kann eine Aussage sein, in diesem Fall hat er eine Bedeutung, also einen Wert. Wir müssen noch den Fall untersuchen, daß der Satz eine Aussageform ist. Dann hat er keinen Wert, es gibt jedoch dann einen Aussagenbereich, dessen Aussagen aus der betreffenden Form hervorgehen, wenn man in ihr Variable durch geeignete Objekte ersetzt.

Die Untersuchung der Aussageformen beginnen wir, in dem wir die Modifikatoren und Bindewörter „¬", „∧", „∨", „→", „↔" auf sie anwenden lernen. Diese haben uns bei den Aussagen große Dienste erwiesen. Ihre Namen behalten wir weiterhin bei. „P", „Q",... sollen beliebige Sätze bezeichnen, die eine oder mehrere Variablen $x, y, \ldots$ enthalten. Wir wollen den folgenden Zeichenkombinationen eine Bedeutung zuweisen:

„¬P", „P∧Q", „P∨Q", „P → Q", „P ↔ Q".

Angenommen x habe die Menge N der natürlichen Zahlen als Bereich und „P" bezeichnen den Satz „x > 4", „Q" den Satz „4 ist ein Vielfaches von 2" und „R" den Satz „x + 2 = 125". Dann bedeutet „¬P" den Satz „x ist kleiner als 4", „Q∧P" bedeutet „x > 4 und x ist ein Vielfaches von 2", usw.

Man weiß, daß eine Aussageform keinen eigenen Wert besitzt. Wir können jedoch aus solchen Formen Aussagen bilden, deren Werte uns nützliche Informationen liefern.

Bezüglich des Bereiches einer Aussagenfunktion gibt es drei verschiedene Möglichkeiten:

1. *Alle* Aussagen sind wahr.
2. *Einige* Aussagen sind wahr.
3. *Keine* Aussage ist wahr.

Jeder dieser Fälle liegt vor oder er liegt nicht vor. Es handelt sich dabei also um Aussagen; nämlich Behauptungen über den Bereich der Aussagenfunktion.

Es folgt damit eine zweite Möglichkeit, aus einer Aussagenform Aussagen zu gewinnen:

Der Mathematiker gibt diesen Resultaten meist eine spezielle Form. Es sei P ein Satz, der die Variable x enthält. Bezüglich P könnte der Mathematiker zum Beispiel die folgende Feststellung treffen:

Für alle x gilt P

Mit anderen Worten „für jedes x gilt P", „für beliebige x gilt P", wie x auch immer sei, es gilt P, alle diese Redensarten wollen dasselbe ausdrücken. Wir wählen dafür das Symbol:

$\forall_x P$

Das Symbol „$\forall_x$" heißt *Quantor.* Hier handelt es sich um den *Allquantor.*

Ebenso bedient sich der Mathematiker der Ausdrucksweise:

Es gibt wenigstens ein x, so daß P(x) gilt. Das entsprechende Symbol *(Existenzquantor)* lautet:

$\exists_x P$

Schließlich schreibt man

für kein x gilt P

Dieser Fall wird durch

$N_x P$

6.4. Quantoren

symbolisiert. Das Symbol heißt *Nullquantor*. N soll an Null erinnern. Sätze wie $\forall_x P$, $\exists_x P, N_x P$ nennt man *quantifiziert*. Es folgen einige Beispiele.

Der Bereich der Variablen x sei die Menge I der ganzen Zahlen. „P" sei der Satz „x ist eine natürliche Zahl", „Q" der Satz „$x^2 \geq 0$" und „R" der Satz „$x^2 < 0$". Die Aussage $\forall_x P$ ist offensichtlich falsch, denn nicht alle ganzen Zahlen sind natürliche Zahlen (z. B. 0, −5, −11, ...). Die Aussage $N_x Q$ ist falsch, da z. B. $5^2 = 25 > 0$. Die Aussage $\exists_x R$ ist auch falsch, denn es existiert keine ganze Zahl, deren Produkt mit sich selbst negativ ist. Wir stellen in einer Tabelle die Werte aller quantifizierten Sätze zusammen, die man aus den Aussageformen P, Q, R bilden kann. Der Leser wird die Richtigkeit jedes einzelnen Beispiels leicht verifizieren.

$\forall_x P$ f; $\exists_x P$ w; $N_x P$ f;
$\forall_x Q$ w; $\exists_x Q$ w; $N_x Q$ f;
$\forall_x R$ f; $\exists_x R$ f; $N_x R$ w;

Es ist wichtig zu wissen, daß die Bedeutung des quantifizierten Satzes $N_x P$ mit Hilfe von $\forall_x$ und $\exists_x$ ausgedrückt werden kann. Die Bedeutung von $N_x P$ ergibt sich nämlich durch:

$\neg \exists_x P$ [es existiert nicht ein x, so daß P gilt],

oder

$\forall_x \neg P$ [für alle x, gilt nicht P].

Wir fassen die verschiedenen Bedeutungen, die wir $\forall_x P$ und $\exists_x P$ gegeben haben, zusammen. P sei jetzt ein Satz, der nur die Variable x enthalte. Der Bereich von x sei nicht leer.

Mit $\forall_x P$ hat den Wert x wollen wir sagen, daß der Bereich von P

w	nur wahre Aussagen enthält
f	mindestens eine falsche Aussage enthält.

Mit $\exists_x P$ hat den Wert wollen wir sagen, daß der Bereich von P

w	mindestens eine wahre Aussage enthält
f	keine wahre Aussage enthält.

Die Aussage $\forall_x P$ bedeutet also, daß der gesamte Bereich von P nur wahre Aussagen enthält, während die Aussage $\exists_x P$ bedeutet, daß der Bereich von P mindestens eine wahre Aussage enthält.

Wir kennen nun drei verschiedene Arten, wie man aus einer Aussageform P, die nur die Variable x enthält, Aussagen bilden kann:
1. Indem man x durch den Namen „Δ" eines Objektes aus dem Bereich von x ersetzt.
2. Indem man vor P das Symbol $\forall_x$ setzt.
3. Indem man vor P das Symbol $\exists_x$ setzt.

Wir betonen die Tatsache, daß durch Voranstellen von $\forall_x$ oder $\exists_x$ vor eine Aussageform P, die nur die Variable x enthält, eine Aussage, gebildet wird. Die Aussagen $\forall_x P$ oder $\exists_x P$ können natürlich sowohl wahr als auch falsch sein. Das Wesentliche ist, daß es sich dabei um Aussagen handelt.

Es kann vorkommen, daß es einen und nur einen Wert von x gibt, für den P zu einer wahren Aussage wird. Der Bereich von P enthält dann genau eine wahre Aussage. Wir sagen „es existiert genau ein x, so daß P gilt". Für diesen Satz benützt man die folgende Abkürzung:

$$\exists_x | P$$

Der vertikale Strich rechts neben dem Quantor $\exists$ soll auf die Zahl 1 hindeuten. Er soll dadurch die Eindeutigkeit der Lösung anzeigen.

Wir haben die Quantoren $\forall_x$ und $\exists_x$ eingeführt, indem wir den Einfluß der Quantifizierung auf eine Aussageform untersucht haben, die eine einzige Variable x enthält. Es soll nun gezeigt werden, welche Wirkung die Quantifizierung einer Aussageform zeigt, die zum Beispiel die beiden Variablen x und y enthält.

Wenn man Q einen einzigen Quantor vorausstellt wie in

$$\forall_x Q, \quad \exists_x Q \quad \text{oder} \quad \forall_y Q, \quad \exists_y Q$$

so erhält man noch keine Aussage, denn diese Sätze enthalten ja noch eine weitere Variable.

Ein Beispiel wird diese Tatsache erläutern: x und y seien Variable mit dem Bereich I, wobei I die Menge der ganzen Zahlen ist. Q sei der Satz „x + y = 0".

$\forall_x Q$ bedeutet dann „Für alle x ist die Summe aus x und y gleich Null". Wir können hier weder „wahr" noch „falsch" sagen, ehe nicht für y ein spezieller Wert eingesetzt wurde. Man sieht also, daß $\forall_x Q$ eine neue Aussageform darstellt, die nur mehr die

6.4. Quantoren

Variable y enthält. Man sagt dann, daß die Aussageform $\forall_x Q$ noch nicht vollständig quantifiziert sei. Q kann also ebenso viele Quantoren erhalten wie es Variable in Q gibt. Die Quantoren dürfen in allen möglichen Kombinationen $\forall\forall, \forall\exists, \exists\forall, \exists\exists$ angewandt werden. Dabei ist die Reihenfolge von großer Bedeutung.

Die Behauptung $\forall_{xy} Q$ soll bedeuten, daß der Bereich von Q nur wahre Aussagen enthält. Es ist klar, daß die Behauptung $\forall_{yx} Q$ dieselbe Bedeutung hat:

$$\forall_{xy} Q \leftrightarrow \forall_{yx} Q.$$

Die Behauptung $\exists_{xy} Q$ soll bedeuten, daß der Bereich von Q mindestens eine wahre Aussage enthält. Auch $\exists_{yx} Q$ sagt das gleiche aus.

Wir dürfen daher schreiben:

$$\exists_{xy} Q \leftrightarrow \exists_{yx} Q.$$

Betrachten wir nun $\exists_x \forall_y Q$! Diesen Ausdruck liest man „es gibt ein x, so daß für alle y Q gilt". Das heißt, es existiert mindestens ein Wert für x, so daß Q mit diesem Wert für alle Werte von y gilt.

Schließlich haben wir noch $\forall_x \exists_y Q$. Dieser Ausdruck bedeutet „für alle x existiert ein y, so daß Q gilt". Man beachte, daß dieser Wert, der für y einzusetzen ist, davon abhängen kann, welcher Wert für x bereits gewählt wurde. Verschiedene Werte von x erfordern im allgemeinen verschiedene Werte von y, damit Q wahr wird. Somit besteht ein offensichtlicher Unterschied zwischen $\exists_x \forall_y Q$ und $\forall_x \exists_y Q$.

Betrachten wir nun das frühere Beispiel, wo „Q" bedeutete „x + y = 0". x und y seien Variable mit dem Bereich I, der Menge der ganzen Zahlen. Die Aussage $\forall_{xy}[x+y=0]$ ist falsch. Zum Beispiel gilt $(-5) + 7 \neq 0$. Die Aussage $\exists_{xy}[x+y=0]$ ist wahr, zum Beispiel ist $(-5) + 5 = 0$. Wie verhält es sich mit der Aussage $\forall_x \exists_y [x+y=0]$? Diese Aussage behauptet, daß zu jeder ganzen Zahl x eine ganze Zahl y existiert, so daß „x + y = 0". Wir wissen, daß mit x auch $-x$ eine ganze Zahl ist. Außerdem ist $x + (-x) = 0$. Also ist $\forall_x \exists_y [x+y=0]$ wahr, denn nach Wahl von $y = -x$ ergibt sich $x + y = 0$. Was heißt schließlich $\exists_x \forall_y [x+y=0]$? Ist es wahr, daß für ein x für alle y gilt $x + y = 0$. Das ist unmöglich, da für jedes x nur $y = -x$ diese Bedingung erfüllt. $\exists_x \forall_y [x+y=0]$ ist also falsch.

Betrachten wir noch den Satz „x + y = y", wobei x und y Variable mit der Menge I der ganzen Zahlen als Bereich sein sollen. Es gilt

$\underset{x\,y}{\forall\forall}$ $[x + y = y]$ ist falsch (z. B. $5 + 7 \neq 7$)

$\underset{x\,y}{\exists\exists}$ $[x + y = y]$ ist wahr (z. B. $0 + 7 = 7$)

$\underset{x\,y}{\forall\exists}$ $[x + y = y]$ ist falsch (unmittelbar einzusehen)

$\underset{x\,y}{\exists\forall}$ $[x + y = y]$ ist wahr (man nehme x = 0, dann ist 0 + y = y).

6.5. Quantorenregeln

Der Leser erinnere sich, daß wir eine Untermenge der Menge aller zusammengesetzten Aussagen dadurch als ausgezeichnet erkannt haben, daß ihre Aussagen „allgemeingültig" sind. Diese Aussagen haben immer den Wert w, und zwar nur auf Grund ihrer logischen Struktur. Man kann derartige Aussagen auch unter den quantifizierten Aussagen finden. Wir nennen diese *allgemeingültige quantifizierte Aussagen.* Solche Aussagen sind immer wahr, der Wahrheitswert hängt nur von der logischen Struktur ab.

Betrachten wir nun einige allgemeingültige quantifizierte Aussagen. Nehmen wir zum Beispiel die folgende in quantifizierter Form geschriebene Aussage:

$\underset{x}{\forall} P \rightarrow \underset{x}{\exists} P$

wobei P eine Aussageform mit nur einer Variablen ist. Daß diese Aussage auf Grund ihrer logischen Struktur immer wahr ist, läßt sich unmittelbar einsehen, wenn man die Bedeutung der logischen Symbole kennt, die sie enthält. Eine andere allgemeingültige quantifizierte Aussage ist

$\underset{x\,y}{\exists\forall} P \rightarrow \underset{y\,x}{\forall\exists} P.$

wo P eine Aussageform mit den beiden Variablen x und y ist. Diese Aussage ist auf Grund der zu ihrem logischen Aufbau benützten Symbole allgemeingültig. Um die Natur einer allgemeingültigen quantifizierten Aussage vollständig zu bestimmen, betrachten wir eine Aussage, die zwar wahr, aber nicht allgemeingültig ist. x sei eine Variable mit dem Bereich I, dem Bereich der ganzen Zahlen. Die Aussage

$\underset{x}{\forall} x^2 \geqslant 0$

ist wahr. Warum ist sie keine allgemeingültige quantifizierte Aussage?

Die Aussage ist nur wegen der Natur der speziellen Aussageform $x^2 \geqslant 0$ wahr. Man vergleiche diese Aussage mit den beiden vorangehenden. Diese enthalten keine spezifizierten Aussageformen.

6.5. Quantorenregeln

Unsere Kenntnis von den allgemeingültigen quantifizierten Aussagen läßt sich noch vertiefen. Eine allgemeingültige quantifizierte Aussage ist eine wahre Aussage, die mit Hilfe des Modifikators $\neg$ und der Symbole $\wedge, \vee, \rightarrow, \leftrightarrow$, der Variablen, der Quantoren und mit Hilfe von *nicht spezifizierten* Aussageformen gebildet ist. Damit ist klar, warum sie allein auf Grund ihrer logischen Struktur wahr ist. Folglich ist eine Behauptung, die die Form einer allgemeingültigen quantifizierten Aussage hat, stets wahr, auf welchen Gegenstand sie sich auch bezieht.

Unsere erste allgemeingültige quantifizierte Aussage sagt uns:

Wenn $\left(\forall_x \text{ x ist sterblich}\right)$, so $\left(\exists_x \text{ x ist sterblich}\right)$.

Wenn $\left(\forall_x \text{ x besteht aus Protonen und Neutronen}\right)$, so $\left(\exists_x \text{ x besteht aus Protonen und Neutronen}\right)$.

Im ersten Beispiel hat x die Menge aller Menschen als Bereich, im zweiten Beispiel die Menge aller Atomkerne. Aus der zweiten allgemeingültigen quantifizierten Aussage ergibt sich:

Wenn $\exists_x \forall_y [x + y = y]$, so $\forall_y \exists_x [x + y = y]$.

Hier ist der Bereich der Variablen jedoch die Menge I der ganzen Zahlen.

Viele allgemeingültigen quantifizierten Aussagen, findet man mit Hilfe der allgemeingültigen Aussagen der Aussagenalgebra. Wenn P eine Aussage ist, so ist die Aussage

$P \vee \neg P$

allgemeingültig. Sei jetzt P eine Aussageform, die x enthält, und betrachten wir die Form $P \vee \neg P$. Indem wir den Quantor voranstellen, erhalten wir eine allgemeingültige quantifizierte Aussage:

$\forall_x [P \vee \neg P]$.

Daß es sich hier um eine allgemeingültige quantifizierte Aussage handelt, folgt einfach aus der Tatsache, daß der Bereich von $P \vee \neg P$ nur wahre Aussagen enthält. Man kann andere allgemeingültige quantifizierte Aussagen auf ähnliche Weise konstruieren. Man schreibt dazu eine allgemeingültige Aussage der Aussagenalgebra hin und stellt einen geeigneten Quantor voran.

Der Leser hat sicher bereits bemerkt, daß die Methoden der Beweisführungen bei den allgemeingültigen und allgemeingültigen quantifizierten Aussagen unterschiedlich sind. Im ersten Fall besitzen wir ein Verfahren, nämlich die Konstruktion der Wertetabelle. Im Gegensatz dazu muß man sich im zweiten Fall auf die Bedeutung der Quantoren beziehen. Was wir oben über den Übergang von einer allgemeingültigen Aussage zu einer allgemeingültigen quantifizierten Aussage bemerkt haben, liefert nur gewisse Aussagen letzterer Art. Wir wollen diese Untersuchung jedoch hier nicht mehr weiter verfolgen.

6.6. Absolute Variable und Substitution

Die quantifizierten Sätze enthalten Variable. Einige dieser Variablen, die in die Struktur eines quantifizierten Satzes eingehen, tun das auf eine ganz spezielle Art. Um sie zu unterscheiden, wollen wir ihnen einen besonderen Namen geben.

Betrachten wir einige Beispiele quantifizierter Sätze.

Es seien x und y Variablen mit der Menge der ganzen Zahlen als Bereich:

$$\forall_x [x + 1 = 1 + x], \tag{1}$$

$$\forall_x \forall_y [x \cdot y = y \cdot x]; \tag{2}$$

die Variablen x und y heißen *absolut*. Allgemeiner nennen wir in Aussagen der Form

$$\forall_x P, \quad \forall_x \forall_y P, \quad \forall_x \forall_y \forall_z P, \ldots,$$

wobei P eine Aussageform ist, die die entsprechenden Variablen enthält, x bzw. x und y, bzw. x, y und z absolute Variablen.

Die Aussageform P kann selbst Quantoren enthalten. Auch in der Aussage

$$\forall_x \exists_y [y \neq x] \tag{3}$$

ist die Variable x absolut. Die Aussage (3) ist von der Form $\forall_x P$, wobei P die Aussageform $\exists_y [y \neq x]$ ist. Ein anderes, etwas komplizierteres Beispiel ist

$$\forall_x [\forall_y [xy = y] \rightarrow x = 1]. \tag{4}$$

Die Aussage (4) hat die Form $\forall_x P$, und nur die Variable x ist absolut. Weder in der Aussage (3) noch in der Aussage (4) ist nach unserer Konvention die Variable y absolut. In (3) steht y unter einem Existenzquantor, und in (4) hat der Allquantor nicht die richtige Position. Man vergleiche (4) mit (2). (Wir wollen dies nicht weiter ausführen und hoffen, daß der Leser aus der vorangehenden Diskussion eine exakte Vorstellung von dem Begriff erhalten hat.)

Die vier Beispiele (1), (2), (3), (4) sind wahre Aussagen. Man leite daraus aber nicht ab, daß absolute Variable nur in wahren Aussagen auftreten. Zum Beispiel ist in der falschen Aussage $\forall_x [x = 0]$ die Variable x absolut.

Warum ist der Begriff der absoluten Variablen für uns so wichtig? Wir geben eine anschauliche Erklärung. Eine wahre Aussage, die eine absolute Variable enthält, beinhaltet eine Behauptung von universellem Charakter für die Objekte aus dem Be-

6.6. Absolute Variable und Substitution

reich der Variablen. Dies läßt vermuten, daß wir die absolute Variable einer wahren Aussage durch ein beliebiges anderes Symbol ersetzen können, ohne daß dabei die Wahrheit der Aussage verloren geht.

Betrachten wir die oben angegebene wahre Aussage (1):

$$\forall_x [x + 1 = 1 + x].$$

Wegen der Bedeutung von $\forall_x$ kann x durch etwas Beliebiges ersetzt werden, 2 zum Beispiel, und wir erhalten die wahre Aussage

$$2 + 1 = 1 + 2.$$

Allgemeiner muß die Ersetzung einer absoluten Variablen überall, wo sie vorkommt, ausgeführt werden, um mit Sicherheit wieder zu einer wahren Aussage zu kommen. Dies ist das Prinzip der Ersetzung einer absoluten Variablen.

Wir zeigen zunächst, daß es notwendig ist, eine absolute Variable an allen Stellen ihres Vorkommens zu ersetzen. Würde man zum Beispiel in (1) x nur an der ersten Stelle ersetzen, so erhielte man

$$\forall_x [2 + 1 = 1 + x],$$

was sicherlich falsch ist. Ein anderer Punkt: Das Symbol, das eine absolute Variable ersetzen soll, wird im Kern der Aussage eingesetzt, und der Quantor wird weggelassen; wir schreiben also nicht $\forall_x [2 + 1 = 1 + 2]$.

Enthält eine Aussage mehrere absolute Variable, so kann man ebenso eine oder mehrere von ihnen ersetzen. Ausgehend von der oben angegebenen wahren Aussage (2):

$$\forall_x \forall_y [x \cdot y = y \cdot x]$$

erhalten wir

$$\forall_y [2 \cdot y = y \cdot 2]$$

oder

$$\forall_x [x \cdot (-3) = (-3) \cdot x]$$

oder

$$(-2) \cdot 3 = 3 \cdot (-2).$$

In der wahren Aussage (3) ist die Variable y nicht absolut. Das oben angegebene Prinzip läßt sich also *nicht* auf y anwenden. Man beachte, daß die Substitution von 2 für y auf die falsche Aussage

$$\forall_x [2 \neq x]$$

führt, während die Substitution von 2 für x (absolute Variable) eine wahre Aussage ergibt, nämlich

$$\exists_y [y \neq 2].$$

Ebenso erhalten wir beim Ersetzen von y (nicht absolut) durch 0 in (4) die falsche Aussage

$$\forall_x [0 = 0 \rightarrow x = 1],$$

während die Substitution von 0 für x (absolut) wieder eine wahre Aussage ergibt:

$$\forall_y [0 = y] \rightarrow 0 = 1.$$

Es gibt nun eine allgemeingültige quantifizierte Aussage, die das diskutierte Prinzip beinhaltet. P sei eine Aussageform, die x enthält, A sei der Name eines speziellen Objekts aus dem Bereich von x, und $\overline{P}$ sei die Aussage, die man erhält, wenn man in P überall x durch A ersetzt. Der angekündigte allgemeingültige Satz lautet nun

$$\forall_x [P] \rightarrow \overline{P}.$$

Aus dieser allgemeingültigen Aussage und aus der Bedeutung der Implikation dürfen wir schließen, daß mit $\forall_x P$ immer auch $\overline{P}$ wahr ist.

Das Substitutionsprinzip, das wir hier angeben, gestattet die Ersetzung einer absoluten Variablen durch den Namen eines speziellen Objekts. Es gibt eine zweite Art der Ersetzung, welche die Substitution einer anderen Variablen erlaubt. Zum Beispiel ist es klar, daß man die wahre Aussage (1) auch auf die folgenden Arten schreiben kann:

$$\forall_y [y + 1 = 1 + y],$$

$$\forall_a [a + 1 = 1 + a],$$

$$\forall_u [u + 1 = 1 + u].$$

Diese Aussagen behaupten dasselbe wie (1). Man erkennt darin das folgende allgemeine Prinzip:

Ersetzt man in einer wahren Aussage eine absolute Variable überall dort, wo sie vorkommt, durch eine andere, neue Variable, so erhält man wieder eine wahre Aussage.

Führt man die Substitution im Kern der Aussage durch, so muß man den zugehörigen Quantor entsprechend modifizieren, so daß er sich auf die neue Variable bezieht. Dies haben wir in den drei vorangehenden Beispielen bereits berücksichtigt.

6.6. Absolute Variable und Substitution

Enthält ein wahrer Satz mehrere absolute Variablen, so können wir eine beliebige von ihnen durch eine andere ersetzen. Substituieren wir also y für x in (2), so erhalten wir

$$\forall_y [y \cdot y = y \cdot y];$$

substituieren wir x für y, so ergibt sich

$$\forall_x [x \cdot x = x \cdot x].$$

Auch andere Ersetzungen sind möglich, etwa u für x:

$$\forall_u \forall_y [u \cdot y = y \cdot u],$$

oder a für x, b für y:

$$\forall_a \forall_b [a \cdot b = b \cdot a].$$

Wir können ein noch allgemeineres Substitutionsprinzip angeben:

Ersetzt man in einer wahren Aussage eine absolute Variable überall dort, wo sie vorkommt, durch eine zulässige Variablenkombination, so erhält man wieder eine wahre Aussage.

Der Zusatz „zulässig" soll besagen, daß ein Element des Bereichs der zu ersetzenden Variablen bezeichnet wird, und daß die Variablenkombination keine Variable enthält, die in dem Originalausdruck vorkommt und dort nicht absolut ist.

Substituieren wir zum Beispiel x^2 für x in (1), so erhalten wir

$$\forall_x [x^2 + 1 = 1 + x^2].$$

Enthält die einzusetzende Variablenkombination eine neue Variable, so muß der Quantor modifiziert werden: Wenn wir in (1) x durch a^2 ersetzen, so müssen wir schreiben

$$\forall_a [a^2 + 1 = 1 + a^2].$$

Es kann vorkommen, daß bei einer Substitution die Anzahl der Variablen vergrößert wird. Ersetzen wir in (1) x durch 2u + v, so ergibt sich

$$\forall_u \forall_v [2u + v + 1 = 1 + 2u + v].$$

Ähnliche Techniken lassen sich auf wahre Aussagen mit mehreren Quantoren anwenden. Ausgehend von (2) erhält man zum Beispiel

$$\forall_a \forall_b \forall_y [(a - b) \cdot y = y \cdot (a - b)]$$

oder auch

$$\forall_u \forall_v \; [(2u + 3) \cdot (u + v) = (u + v) \cdot (2u + 3)].$$

Wir beenden dieses Kapitel mit einer Vereinbarung bezüglich des Allquantors. Wenn man behaupten will, daß eine Aussage (1) wahr ist, so schreibt man an Stelle von (1) häufig etwas nachlässig

(1′) $x + 1 = 1 + x$,

wobei man übereinkommt, daß hier der Quantor zwar vorhanden, aber nicht mitgeschrieben wird. (1′) ist demnach eine Abkürzung für (1).

Aber Achtung!

Die Vereinbarung, den Quantor wegzulassen, bezieht sich *nicht* auf Existenzquantoren. Man darf nicht

$$\forall_x \exists_y [y \neq x] \quad \text{auf} \quad \forall_x [y \neq x]$$

reduzieren. Diese letzte Aussage hätte der vorangehenden Diskussion zufolge, die Bedeutung der falschen Aussage

$$\forall_x \forall_y [y \neq x].$$

6.7. Übungen

1. Man entscheide, ob die folgenden Ausdrücke Aussagen oder Aussageformen oder beides darstellen:

a) X ist ein Mensch; b) Wenn du die Hacke schleuderst; c) Für einige x gilt, x ist rot; d) Für einige x gilt, wenn x ein Mensch ist, so ist x sterblich; f) Wenn etwas gut ist, so ist es wünschenswert; g) Jede gute Sache ist wünschenswert; h) Einige Zahlen x haben die Eigenschaft $x^2 = 4$.

2. Nehmen wir an, der Bereich einer Variablen sei die Menge (Chikago, Le Vesinet, Miami, Paris). Man gebe für jede der folgenden Aussageformen den Bereich an und stelle fest, welche Aussagen dieses Bereiches den Wert w und welche den Wert f haben.

a) x befindet sich am Michigan-See.
b) x hat mehr als 3 000 000 Einwohner.
c) x beginnt mit dem Buchstaben M.

3. Unter Benutzung derselben Variablen überprüfe man, ob die folgenden Behauptungen wahr oder falsch sind:

d) „x ist eine Stadt" ist wahr für einige x.
e) „x ist eine Stadt" ist wahr für alle x.
f) „x ist in Europa" ist wahr für alle x.
g) „x ist sehr neblig" ist wahr für kein x.

6.7. Übungen

4. Man schreibe die folgenden zusammengesetzten Sätze in symbolischer Form unter Benutzung der Variablen „P", „Q", und geeigneter Verknüpfungssymbole. Man bestimme die wahren und die falschen zusammengesetzten Sätze unter ihnen.
   a) Der Mond ist ein Planet und er besteht aus weißem Käse.
   b) Der Mond ist ein Planet und er ist kleiner als die Erde.
   c) Der Mond ist ein Planet oder er ist kleiner als die Erde.
   d) Der Mond ist ein Satellit oder er besteht aus weißem Käse.
   e) Der Mond ist ein Satellit und er ist kleiner als die Erde.
   f) Wenn der Mond aus weißem Käse besteht, so ist er kleiner als die Erde.
   g) Wenn der Mond aus weißem Käse besteht, so ist er dicker als die Erde.
   h) Der Mond besteht aus weißem Käse dann und nur dann, wenn er ein Satellit ist.

5. Man bestimme die Negation der folgenden Sätze:
   a) Alle Menschen sind töricht; b) Alle Menschen sind sterblich: c) Kein Mensch hat Flügel;
   d) Alle neuen Bücher sind nicht schlecht.

6. Die beiden folgenden Aussagen werden als wahr angenommen: Hans wirft die Kugel 15 m weit. Julius ist der Verlierer. Welche der folgenden Aussagen sind unter dieser Annahme wahr?
   a) Hans wirft die Kugel 15 m weit oder Julius ist der Sieger.
   b) Hans wirft die Kugel mindestens 15 m weit oder Julius ist der Verlierer.
   c) Wenn Hans die Kugel weiter als 15 m wirft, so ist Julius der Verlierer.
   d) Wenn Hans die Kugel mindestens 15 m weit wirft, so ist Julius der Verlierer.
   e) Dann und nur dann, wenn Hans die Kugel mindestens 15 m weit wirft, ist Julius der Sieger.

7. Zu jeder der folgenden Implikationen gebe man die reziproke, die inverse und die kontrapositive Implikation an.
   a) Wenn es regnet, so gibt es Wolken.
   b) Wenn 2 = 1, so 3 = 2.
   c) Wenn eine Raute einen rechten Winkel besitzt, so ist sie ein Quadrat.
   d) Wenn zwei Winkel rechte Winkel sind, so sind sie gleich.

8. Für jede der folgenden zusammengesetzten Aussagen konstruiere man die Wertetafel. Man entscheide in jedem Fall, ob die zusammengesetzte Aussage oder ihre Negation (oder beide) allgemeingültige Aussagen sind.
   a) $p \to p$; b) $p \to \neg p$; c) $(\neg p) \to p$; d) $(\neg p) \leftrightarrow p$; e) $(p \land q) \to p$; f) $(p \land q) \leftrightarrow (q \land p)$;
   g) $(p \lor q) \to (p \land q)$; h) $(p \land q) \to (p \lor q)$; i) $(p \to q) \lor (q \to p)$; j) $p \to (q \land r) \leftrightarrow (p \to q) \land (p \to r)$.

9. Für jede der folgenden zusammengesetzten Aussagen bestimme man die logische Negation, bei der „$\neg$" nur auf elementare Aussagen p, q, r angewandt ist.
   a) $p \land (\neg q)$; b) $(\neg p) \lor (\neg q)$; c) $(\neg p) \to q$; d) $p \to (\neg q)$; e) $(p \lor q) \land q$; f) $(p \to q) \land r$;
   g) $p \to (q \land r)$.

10. Man erweitere Übung 9 unter Verwendung der Beispiele aus Übung 8.

11. Der Bereich einer Variablen sei die Menge (Chikago, Le Vesinet, Le Bourget, Paris). Man stelle fest, welche der folgenden Aussagen wahr und welche falsch sind:

   a) $\forall_x$ x liegt am Michigan-See.
   b) $\exists_x$ x liegt in Europa.
   c) $\forall_x$ x liegt in Europa.
   d) $\forall_x$ x ist eine Stadt.
   e) $\exists_x$ x ist eine Stadt.
   f) $\exists_x$ x liegt außerhalb von Europa.

12. Der Bereich der Variablen x und y sei die Menge I der ganzen Zahlen. Man bestimme die Werte der folgenden Aussagen:

a) $\forall_x [x>0]$; b) $\exists_x [x>0]$; c) $\forall_x \forall_y [x>y]$; d) $\forall_x \exists_y [x>y]$; e) $\exists_y \forall_x [x>y]$; f) $\exists_y \exists_x [x>y]$;

13. Der Bereich der Variablen x und y sei die Menge aller menschlichen Wesen. „P" stelle die Aussageform „x ist mit y verheiratet" dar. Man bestimme die Werte der folgenden quantifizierten Aussagen. (Es wird keine monogame Gesellschaftsordnung angenommen).

a) $\forall_x \forall_y P$;   b) $\forall_x \exists_y P$;

c) $\forall_y \exists_x P$;   d) $\exists_y \forall_x P$;

e) $\exists_x \exists_y P$;   f) $\exists_x \forall_y P$.

14. Die gewöhnliche Aussage „alle Menschen sind sterblich" schreibt man in quantifizierter Form

$\forall_x$ [x ist ein Mensch → x ist sterblich].

Man übersetze in derselben Art (unter Benutzung von Quantoren, Verknüpfungssymbolen und Aussageformen) die folgenden Sätze:
  a) Einige M sind N.
  b) Einige M sind nicht N.
  c) Alle M sind nicht N.
  d) Kein M ist nicht N.
  e) Jedes M ist nicht N.

15. Man entscheide, ob die folgenden Aussagen allgemeingültige quantifizierte Aussagen sind. Ist die Antwort positiv, so beweise man die Behauptung unter Bezugnahme auf die Bedeutung der verwendeten Symbole. Ist die Antwort negativ, so liefere man den Beweis durch ein Beispiel, in dem die Aussage falsch ist. (Man nehme für P und Q spezielle Aussageformen).

a) $\forall_y \exists_x P \to \exists_x \forall_y P$;

b) $\forall_x [P \vee Q] \to \forall_x P \vee \forall_x Q$;

c) $\exists_x [P \wedge Q] \to \exists_x P \wedge \exists_x Q$;

d) $\exists_x [P \wedge Q] \to \exists_x P \wedge \exists_{\underline{x}} Q$;

e) $\exists_x P \to \exists_x P$.

7. Ein wenig Axiomatik

7.1. Die Ausdrücke eines mathematischen Systems

Die moderne Mathematik besteht aus verschiedenen Teilgebieten, die man mathematische Theorien nennt. Manchmal spricht man auch von deduktiven Systemen, obwohl dieser letzte Ausdruck, etwas allgemeineres bezeichnet, worauf wir am Ende dieses Kapitels eingehen werden.

Wir wollen zuerst einige der wichtigsten Kennzeichen jeder mathematischen Theorie präzisieren und dann auf die einfachsten Theorien näher eingehen. Dabei lernen wir die allgemeinen Begriffe in ihrer Anwendung kennen, so daß uns ihre tiefere Bedeutung leichter verständlich wird.

Die mathematischen Kenntnisse mancher Leser werden sich auf zwei oder drei Theorien beschränken: die Geometrie, die Arithmetik und die Algebra der gewöhnlichen Zahlen. Es gibt jedoch weitere Theorien, die für den Mathematiker von großer Bedeutung sind: z.B. die Topologie, die Gruppentheorie, die Theorie der Hilberträume, die Riemannsche Geometrie u.a.m. Diese Theorien unterliegen heutzutage einer starken Weiterentwicklung.

Der Bequemlichkeit halber bezeichnen wir die Menge der Objekte, die Gegenstände der Untersuchung der früheren Kapitel waren, mit dem Namen „Logik". Die Logik handelt bei uns also von Mengen, Relationen, Funktionen, Aussagen, Quantoren. Wir stellen nun die Frage: „Welche Rolle spielt die Logik in einer mathematischen Theorie?

In einer solchen Theorie unterscheidet man zwei Arten von Ausdrücken:

1. Ausdrücke, die zur Logik gehören: *die logischen Ausdrücke.*
2. Ausdrücke, die der betrachteten Theorie eigen sind: *die spezifischen Ausdrücke.*

Die logischen Ausdrücke sind also allen wissenschaftlichen Theorien gemeinsam. „Variable", „Menge", „Relationen", „Operationen" sind Beispiele für logische Ausdrücke. Im Gegensatz dazu sind „Punkt", „Gerade", „Dreiteilung" spezifische Ausdrücke aus der Geometrie. Ebenso sind „Zahl", „kleiner als", „Addition" spezifische Ausdrücke aus der Arithmetik. Ein Theorem kann die Form einer Implikation „P → Q" sowohl in der Geometrie als auch in der Arithmetik haben. Die spezifischen Ausdrücke, die für P und Q eingesetzt werden, können jedoch völlig verschieden sein.

Die logischen Ausdrücke bestimmen die Form einer mathematischen Theorie, während die spezifischen Ausdrücke deren Inhalt festlegen. In der Geometrie spricht man zum Beispiel von Punktmengen, von der Gleichheitsrelation, von der Dreiteilung. In der Arithmetik spricht man von Mengen von Zahlen, von der Relation „ist teilbar durch", von der binären Operation namens Addition. Der Leser hat nun wohl den Unterschied zwischen logischen und spezifischen Ausdrücken erkannt.

Noch einige Worte über die Rolle der Logik in der Mathematik. Für die meisten Mathematiker ist die Logik ein Werkzeug. Sie dient zur Mitteilung von Gedanken in präziser Form und gestattet, Irrtümer im Denken zu vermeiden. Heutzutage wirft man Logik und Mathematik nicht mehr in einen Topf.

7.2. Primitive Ausdrücke

Bei der Einführung jeder wohl konstruierten mathematischen Theorie stellt man zu Beginn die besonderen spezifischen Ausdrücke ohne jede Erklärung vor. Sie dienen dann zu Definition aller anderen spezifischen Ausdrücke. Man nennt sie die *primitiven* (undefinierten oder nicht definierten) Ausdrücke der Theorie.

In der Geometrie zum Beispiel sind die Ausdrücke „Punkt", „Gerade" primitive Ausdrücke, während „Viereck" und die Redensart „ist ähnlich" keine primitiven Ausdrücke sind. In der Arithmetik sind die Ausdrücke „Mengen von Zahlen" und „Addition" primitiv. „Quadratwurzel" ist im Gegensatz dazu kein primitiver Ausdruck. Dieser wird mit Hilfe der anderen Ausdrücke definiert.

Die Verwendung primitiver Ausdrücke ist unbedingt erforderlich, wie man leicht einsieht. Zur Erklärung eines Ausdrucks benötigt man andere Ausdrücke. Deren Erklärung erfordert wieder neue Ausdrücke, ohne daß man sich dabei der bereits einmal erklärten Ausdrücke bedienen dürfte. Dieses Verfahren würde somit zu einer endlosen Kette von Erklärungen führen, was offensichtlich unmöglich ist. Man vermeidet dies ein für allemal durch die Verwendung primitiver Ausdrücke.

Aus verständlichen Gründen soll die Anzahl der vom Mathmatiker gewählten primitiven Ausdrücke möglichst klein und ihre Form möglichst einfach sein. Sie sollen ja im allgemeinen mehr oder weniger intuitiv verstanden werden. Dabei ist es wichtig, daß man die intuitiven Vorstellungen, die ihre Verwendung erweckt, von der Rolle, die sie in der Theorie spielen unterscheiden kann.

Das Wort „Punkt" ist zum Beispiel ein primitiver Ausdruck der Geometrie. An seiner Stelle hätte man genauso gut das Wort „ooloo" setzen können, die Theorie der Geometrie wäre dadurch unverändert geblieben. Aber die intuitive Bedeutung des Wortes „Punkt" kann uns wertvolle Hilfe leisten.

Es ist keineswegs richtig, daß ein primitiver Ausdruck stets ohne formale Bedeutung ist. Er kann dadurch einen Inhalt erhalten, daß wir ihm eine gewisse logische Eigenschaft zuschreiben.

7.3. Definitionen

Die spezifischen Ausdrücke einer Theorie, die nicht primitiv sind, nennt man *definierte Ausdrücke*. Die primitiven Ausdrücke führt man ein, um den Ausgangspunkt einer Theorie festzulegen. Jeder nun in einer Theorie zugelassene definierte Ausdruck muß eine präzise Bedeutung besitzen, nämlich die, die er durch einen Prozeß erhält, den man *Definition* nennt. Untersuchen wir die Natur einer solchen Definition.

7.3. Definitionen

Wir nehmen an, daß wir eine Liste der primitiven Ausdrücke einer Theorie besitzen. Die Einführung eines weiteren spezifischen Ausdruckes erfordert eine Erklärung mit Hilfe der primitiven und der logischen Ausdrücke. Diese Erklärung bildet die Definition. Der erklärte Ausdruck wird damit zum definierten Ausdruck. Der erste definierte Ausdruck — nennen wir ihn T_1 — basiert somit nur auf den primitiven Ausdrücken. Um einen zweiten Ausdruck zu definieren, darf man neben logischen Ausdrücken T_1 und die primitiven Ausdrücke verwenden. T_2 sei dieser zweite Ausdruck. Zur Definition eines dritten Ausdruckes darf man die primitiven Ausdrücke und T_1 und T_2 sowie logische Ausdrücke verwenden. Es gilt also folgendes Prinzip:

Eine Definition erteilt einem Ausdruck mit Hilfe der primitiven und der bereits definierten Ausdrücke eine Bedeutung.

„Ausdruck" bedeutet hier immer „spezifischer Ausdruck". Natürlich dürfen in einer Definition beliebig viele logische Ausdrücke vorkommen. Man beachte, daß dieses Kriterium den sogenannten „circulus vitiosus" vermeidet, d. h., es kann nicht vorkommen, daß ein Ausdruck mit Hilfe von Ausdrücken erklärt wird, die durch ihn selbst definiert sind.

Eine Definition ist ein Satz, der zwei Teile enthalten muß:
1. einen ersten Teil, der den zu definierenden Ausdruck enthält (und möglichst keinen primitiven oder bereits definierten Ausdruck),
2. einen zweiten Teil, der nur primitive und bereits vorher definierte Ausdrücke enthält.

Manchmal sind diese beiden Teile aus grammatikalischen Gründen ineinander geschachtelt. Es muß jedoch möglich sein, die Definition so umzuformen, daß sie dem gegebenen Kriterium genügt. In der Logik hat man eigene „Regeln für die Definition". Ihr Studium würde jedoch hier zu weit führen.

Definitionen sind vom logischen Standpunkt nicht unbedingt notwendig. In den Aussagen einer Theorie könnte man die definierten Ausdrücke immer durch geeignete Kombinationen der undefinierten Ausdrücke ersetzen. Die Theorie würde jedoch dadurch viel weniger übersichtlich sein. Die Definitionen müssen aus diesem Grund als unentbehrlich betrachtet werden.

Eine brauchbare Auffassung einer Definition erhält man, wenn man sie als Abkürzung betrachtet. Es ist klar, daß bei jedem höheren Studium, die Definitionen und die definierten Objekte vertauschbar sind.

Definitionen können Objekte klassifizieren, spezielle Objekte identifizieren, Relationen benennen u.a.m. Nehmen wir an, wir möchten die Vierecke mit parallelen gegenüber liegenden Seiten klassifizieren. Dazu könnte die folgende Definition dienen:

Ein Parallelogramm ist ein Viereck, dessen gegenüber liegende Seiten parallel sind.

Nehmen wir an, daß in dieser Definition die Ausdrücke Viereck, gegenüber liegende Seiten und parallel bereits früher definiert wurden. Unter dieser Annahme erhalten wir eine Definition der Klasse der Parallelogramme. Man beachte, daß die obige Definition der Regel „zwei Teile" für Definitionen genügt. Der erste Teil enthält nur das zu definierende Wort „Parallelogramm". Der zweite Teil enthält diesen Ausdruck nicht mehr. Die obige Definition könnte auch eine andere Form haben. Zum Beispiel:

Ein Viereck, dessen gegenüber liegende Seiten parallel sind, ist ein Parallelogramm.

Auch das ist eine richtige Definition. Auch sie enthält keinen „Zirkelschluß". Man kann sie leicht auf die erste Form bringen.

Manchmal benützt man auch die Redensart „dann und nur dann, wenn", um den ersten und zweiten Teil der Definition zu trennen. Man könnte also auch schreiben:

Ein Viereck ist ein Parallelogramm dann und nur dann, wenn seine gegenüber liegenden Seiten parallel sind.

7.4. Postulate und Theoreme

Der zentrale Teil einer mathematischen Theorie enthält Aussagen, die innerhalb dieser Theorie als wahr betrachtet werden. Diese Aussagen stellen die Verbindung zwischen den spezifischen Ausdrücken der Theorie dar. Man kann diese Aussagen auch die *Sätze der Theorie* nennen. Die logischen und spezifischen Ausdrücke sind die Bausteine, mit deren Hilfe man diese Sätze aufbaut. In einer Theorie versucht man, möglichst viele Sätze anzusammeln. Ein Beispiel für einen Satz der Geometrie ist: *Die Winkelsumme eines Dreiecks beträgt 180°*. Ein Satz der gewöhnlichen Algebra ist: *Das Produkt einer Zahl mit sich selbst ist nicht kleiner als Null*. Ein anderer Satz ist: *Wenn das Produkt zweier Zahlen Null ist, so ist mindestens eine der Zahlen Null*. Diese Implikation schreibt man symbolisch:

$$\forall_x \forall_y [x \cdot y = 0 \rightarrow (x = 0 \lor y = 0)].$$

Die Sätze einer Theorie lassen sich ebenso wie die spezifischen Ausdrücke in zwei Gruppen unterteilen. Die erste Gruppe umfaßt eine geringe Anzahl von Aussagen, *primitive Aussagen* oder *Postulate* genannt. Die zweite Gruppe, die weit zahlreicher ist, umfaßt die *Theoreme*.

Die *Postulate* sind Feststellungen, die man ohne entsprechenden Beweis als wahr annimmt. Diese sind notwendig, um ein endloses „Zurückgehen" zu vermeiden, was eintritt, wenn man nur solche Sätze zuläßt, die auch bewiesen sind.

Nicht anders verhält es sich bei jedem alltäglichen Gespräch, wo man nicht nur eine mit dem Partner gemeinsame Sprache, sondern auch von einer Anzahl von Ideen gemeinsame Vorstellungen voraussetzt. Oft beginnt man daher auch mit der Ankündigung: „Im Interesse der Diskussion wird angenommen, daß ... "

Die Postulate einer mathematischen Theorie werden im allgemeinen, nach der Angabe der primitiven Ausdrücke an den Beginn dieser Theorie gestellt. Wie diese sind auch die Postulate von geringer Zahl und besitzen eine intuitive Bedeutung. Weder

7.4. Postulate und Theoreme

ihre Anordnung, in der sie angegeben werden, noch ihre Anzahl besitzt irgendetwas Geheimnisvolles oder Unantastbares. Zwei Mathematiker können eine unterschiedliche Auswahl treffen, je nachdem auf welche Theorien die Postulate bezogen werden. Die Wahl hängt meist von einer großen Anzahl von Faktoren ab. Einer der wichtigsten ist oft die Stellung, die man der neuen Theorie in bezug auf die übrigen Teile der Mathematik geben möchte.

Sobald die Postulate gewählt sind, müssen wir mit den übrigen Aussagen strenger verfahren. Eine Aussage, die unter die Sätze einer Theorie aufgenommen werden soll, darf solange nicht akzeptiert werden, als nicht ein positiver Test, *Beweis* genannt, für ihre Gültigkeit vorliegt. Die Sätze, die diese Bedingung erfüllen heißen *Theoreme* (auch *Lehrsätze*, häufig einfach *Sätze* genannt). Um eine erste Aussage P_1 zu beweisen, dürfen nur die Postulate verwendet werden. Wenn P_1 bewiesen ist, so wird daraus ein Theorem T_1. Zum Beweis eines neuen Satzes P_2 dürfen nun die Postulate und das Theorem T_1 dienen. In dieser Weise wird die Theorie weiter ausgebaut, man verfährt also ähnlich wie bei den Definitionen.

Ein Beweis zeigt die Gültigkeit einer Aussage durch ein Argument, das sich nur auf die Postulate und bereits vorher bewiesene Sätze stützt.

Wir haben früher von der Wahrheit gewisser Behauptungen gesprochen. Der Leser hat nun wohl die Bedeutung des Wortes „Wahrheit" erkannt?

Eine Aussage ist wahr, wenn man sie mit Hilfe von Postulaten und bereits vorher bewiesenen Aussagen beweisen kann. Man beachte, daß ein Theorem in einer bestimmten Theorie wahr, in einer anderen Theorie aber falsch sein kann. Das hängt von den Postulaten der Theorie ab.

In der ebenen Geometrie gilt das Theorem: „Die Winkelsumme eines Dreieckes ist 180°". In der Riemannschen Geometrie gilt dieses Theorem nicht. In der klassischen Mechanik ist die Masse unveränderlich. In der Relativitätstheorie gibt es die Äquivalenz von Masse und Energie.

Wenn wir von einer bestimmten Aussage feststellten, sie sei ein Theorem, so wird dabei eine Kette komplizierter logischer Schlüsse unterdrückt. Wir haben doch festgelegt, daß ein Theorem aus den Postulaten und früher abgeleiteten Theoremen bewiesen wird. Nehmen wir nun an, wir würden die vollständigen Beweise der früheren Theoreme anschreiben, dann enthielte diese Aufstellung auch die Beweise aller zum letzten Theorem führenden Theoreme. Daraus ließe sich dann eine lange logisch geordnete Kette ableiten, die schließlich notwendigerweise mit dem in Frage stehenden Theorem beendet werden müßte. Jede Aussage in dieser Kette wäre dann schließlich ein Postulat. Man sieht daraus, wie eine Theorie aus den primitiven Aussagen aufgebaut wird.

Was der Mathematiker schließlich in seinem Beweis niederschreibt, hängt nicht von der intuitiven Bedeutung der Postulate ab. Er ist der letzte, der die Intuition als Beweismittel annehmen möchte. Seine Empfindungen beim Niederschreiben des Beweises lassen sich nicht beschreiben [1]). Man muß jedoch unterscheiden zwischen dem, was in seinem Kopf vorgeht, und dem, was er schreibt. Was er schreibt, ist für den Leser ein Mittel zur Nachprüfung des Beweises.

7.5. Modelle eines mathematischen Systems

Wir haben die Tatsache betont, daß die primitiven Ausdrücke und Postulate eines mathematischen Systems keine spezielle Bedeutung haben. Aus diesem Grund kann man von einem abstrakten System sprechen. Der Mathematiker arbeitet jedoch auch mit konkreten Systemen. Grob gesprochen ist ein konkretes System ein System, dessen Ausdrücke und Eigenschaften so vertraut geworden sind, sei es intuitiv, sei es experimentell, daß man sie als konkret empfindet. Die Unterscheidung ist recht schwierig, da abstrakt und konkret ja nur relative Eigenschaften sind.

Wenn wir die primitiven Ausdrücke eines abstrakten Systems durch die speziellen Ausdrücke eines konkreten Systems ersetzen, ergibt sich die Frage: Werden bei dieser Einsetzung die Postulate zu wahren Aussagen? Wenn die Antwort positiv ist, so heißt das konkrete System ein *Modell* oder eine *Realisierung* des abstrakten Systems.

Die Möglichkeiten und die Wirksamkeit eines mathematischen Systems seien in exakter Form durch das folgende Prinzip vorangestellt:

Jedes Theorem eines mathematischen Systems geht in jedem Modell des Systems in eine wahre Aussage über.

Um dieses Prinzip zu rechtfertigen, erinnere man sich an eine frühere Diskussion. Ein Theorem ist nur ein Provisorium in dem Sinn, daß, wenn die Wahrheit gewisser Aussagen (Postulate) angenommen wird, auch die Wahrheit des Theorems angenommen werden muß. Aber die in das Modell übertragenen Postulate sind wahr. Folglich gilt dasselbe in dem Modell auch von den Theoremen. Kurz läßt sich daher sagen: *„Ein Postulat oder ein Theorem ist in jedem Modell eine wahre Aussage"* oder präziser: *„Eine Behauptung, die die Übersetzung eines Postulates oder eines Theorems ist, ist im Modell eine wahre Aussage".*

Im allgemeinen hat ein mathematisches System mehrere Modelle. Das oben zitierte Prinzip sagt uns, daß ein Theorem, falls es in einem abstrakten System bewiesen wurde, in jedem Modell, wenn man so sagen will, wiedergefunden werden kann. Ein neuer Beweis ist nicht notwendig. Bedenkt man den Arbeitsaufwand, den so mancher Beweis erfordert, so erkennt man die enorme Bedeutung, die so ein Verfahren besitzt. Noch mehr wird es der Leser im nächsten Kapitel schätzen lernen, wo zur Illustration dieser hervorragenden Bedeutung einige Modelle eines abstrakten Systems vorgestellt werden.

Der Mathematiker beschäftigt sich nicht erst mit Modellen, wenn er eine Theorie entwickelt hat. Die Modelle sind das primäre. Der Mathematiker erschafft die Systeme keineswegs aus dem Nichts. Diese Systeme nehmen in seinem Geist Gestalt an, sobald

---

[1]) J. Hadamard. Essai sur la Psychologie de l'invention en Mathematiques (Princeton, 1945).

er bemerkt, daß gewisse spezielle konkrete Systeme, so verschieden sie auch sein mögen, dennoch einen gewissen Verwandtschaftsgrad aufweisen. Er unternimmt dann eine Abstraktion des Problems und studiert es in einem Bereich, der den besonderen Eigenschaften der verschiedenen ins Auge gefaßten konkreten Systeme entspricht. So also entsteht ein abstraktes System durch Systematisierung einer Menge von konkreten Systemen. Logisch kommt das Modell nach der Theorie. Psychologisch kommt es vorher.

Die Theorie der kommutativen Gruppen, die wir im nächsten Kapitel studieren werden, ist eine Abstraktion der vertrauten Eigenschaften der Addition und der Multiplikation von gewöhnlichen Zahlen. Bevor wir diese Theorie entwickeln werden, werden wir einige für manche Leser sicher überraschende Modelle angeben.

Ein mathematisches System ist aber nicht immer eine Abstraktion von verschiedenen konkreten Systemen. Es kann auch aus dem Versuch, bestehen, Ordnung in eine nur teilweise überblickbare Theorie zu schaffen, wo noch Unsicherheit über die Beziehungen zwischen manchen Sätzen herrscht. Der Wissenschaftler stellt sich die folgende Frage: Kann man diese Flut von Behauptungen in einer Weise ordnen, daß man sie als systematisch aus wenigen einfachen Aussagen ableitbar erkennt? Auf solche Art dringt man tief in den zu untersuchenden Bereich ein und vergrößert gleichzeitig das Wissen um die Wahrheit seiner Sätze.

In der Antike hat z. B. Euklid die Mühe auf sich genommen, die Tatsachen der Geometrie in ein mathematisches System zu kleiden.

Im siebzehnten Jahrhundert erfolgte die Systematisierung der Mechanik, durch Newton.

7.6. Die Beweisregeln

Wir haben bereits betont, daß jedes Theorem ausgehend von den Postulaten und schon vorher abgeleiteten Theoremen bewiesen werden muß. Ein mathematisches System besteht also aus *Beweisen* oder *Ableitungen*. Die Frage lautet daher: Was ist ein Beweis? Diese Frage ist nicht einfach zu beantworten. Was hundert Jahre lang als Beweis gegolten hat, gilt heute manchmal nicht mehr als solcher. In unserer Zeit verstehen die Logiker unter einem Beweis etwas anderes als die Mathematiker, und nicht alle Mathematiker sind über diesen Begriff einer Meinung.

Was uns interessiert, ist die Art eines mathematischen Beweises. Wir wollen einige Beispiele dafür zeigen. Es ist zu hoffen, daß Anwendung, Nachahmung und Übung den erforderlichen Einblick in das Konzept vermitteln.

Ein Beweis besteht aus einer logischen Folge von Behauptungen, von denen jede gerechtfertigt sein muß. Wir zählen vorerst vier Möglichkeiten zur Rechtfertigung der individuellen Behauptungen auf.

1. Das allen Argumenten am häufigsten gemeinsame Hilfsmittel ist wohl das folgende:

Wenn man weiß, daß die Implikation p → q wahr ist und daß auch p wahr ist, so darf man daraus schließen, daß q wahr ist.

Wir nennen diese Regel die *Abtrennungsregel*. Sie benötigt zwei Voraussetzungen: Die Gültigkeit von p → q und die von p. Man kann auch so sagen: *Wenn das Antezedens einer wahren Implikation wahr ist, so ist auch die Konsequenz wahr.* Die Regel ist auf Grund der Bedeutung der Implikation plausibel. Wir haben gesehen, daß p → q nur dann falsch ist, wenn p den Wert w und q den Wert f hat. Aber *Achtung:* Man darf die Regel nicht so anwenden, daß man von der Gültigkeit von p → q auf die von q schließt. Jede der Behauptungen p → q und p muß gerechtfertigt sein, ehe man die Regel anwenden darf.

Aus „Wenn es regnet, so ist das Wetter schlecht" und aus „Es regnet", können wir schließen „Das Wetter ist schlecht". Aus der einfachen wahren Aussage „Wenn 1 = 2, so 0 = 1" andererseits kann man weder schließen, daß „1 = 2", noch daß „0 = 1".

2. Wir erinnern uns an das *Substitutionsprinzip* aus dem vorangehenden Kapitel. Es sei P ein Satz. Wir ersetzen darin eine absolute Variable durch ein Symbol, das ein spezielles Element aus dem Bereich der Variablen repräsentiert, oder durch eine neue Variable oder durch eine zulässige Variablenkombination. Wenn P wahr ist, so ist es auch der so davon abgeleitete Satz P_1.

Diesem Prinzip sind jedoch, wie wir gesehen haben, gewisse Grenzen gesetzt.

Betrachten wir zum Beispiel eine Zahl x und die wahre Aussage aus der Algebra „$(x + 1)(x - 1) = x^2 - 1$". Der Quantor $\forall_x$ wurde weggelassen. Ersetzt man x durch 7, so erhält man

$$(7 + 1)(7 - 1) = 7^2 - 1,$$

was wahr ist. Ersetzt man x durch y^2, so erhält man

$$(y^2 + 1)(y^2 - 1) = (y^2)^2 - 1,$$

was ebenfalls wahr ist. Ersetzt man x durch x − y, so ergibt sich

$$[(x - y) + 1][(x - y) - 1] = (x - y)^2 - 1$$

und auch das ist wahr. Aber eine nur teilweise Substitution muß vermieden werden. Zum Beispiel gilt nicht $(7 + 1)(x - 1) = x^2 - 1$, und auch nicht $(y^2 + 1)(x - 1) = x^2 - 1$.

Wir haben das Substitutionsprinzip nur für eine einzige Variable ausgesprochen. Durch sukzessive Anwendung darf man jedoch eine beliebige Anzahl von Variablen ersetzen.

7.6. Die Beweisregeln

Aus $(x + a)^2 = x^2 + 2ax + a^2$, darf man durch Einsetzen von y für x und 3 für a auf

$$(y + 3)^2 = y^2 + 2 \cdot 3 \cdot y + 3^2.$$

schließen.

Um eine derartige Substitution anzuzeigen, benutzt man in der Praxis das Zeichen =. Man sagt zum Beispiel: „Setzen wir x = y". Das ist eine Abkürzung, obwohl man dabei das Zeichen = in mißbräuchlicher Weise verwendet. Darauf ist zu achten.

3. Kehren wir nochmals zu einem schon früher formulierten Prinzip zurück.

P sei ein Satz. Wir nehmen an, P enthalte das Symbol u. v sei ein anderes Symbol, für das gilt u = v. P_1 sei der Satz, den man durch vollständige oder nur teilweise Substitution von v für u aus P erhält. Wenn P gültig ist, so ist auch P_1 gültig.

Zur Anwendung dieser Regel benötigt man zweierlei: Die Behauptung P und die Gleichung u = v. Ersetzen wir überall oder nur teilweise v durch u, so erhalten wir dann eine neue Behauptung P_1.

Aus den Behauptungen „1 + 1 ist größer als 1" und „1 + 1 = 2" darf man z. B. schließen „2 ist größer als 1".

x sei eine Zahl, für die der Satz „$x(x^2 - 4) = 0$" wahr ist. Zusätzlich nehmen wir an, daß x = 2 gilt. Daraus schließt man „$2(x^2 - 4) = 0$" oder „$x(2^2 - 4) = 0$" oder „$2(2^2 - 4) = 0$".

In einer mathematischen Theorie liest man oft den Ausdruck „äquivalente Aussage". Wir wollen dieser Redensart einen präzisen Sinn geben. Eine spezifische Aussage p heißt äquivalent einer spezifischen Aussage q, wenn die Äquivalenzbedingung „p $\leftrightarrow$ q" erfüllt ist. Dieser Gebrauch des Begriffes „*Äquivalenz*" ist eine natürliche Erweiterung der „*logischen Äquivalenz*".

In der ebenen Geometrie ist die Behauptung „Das Dreieck ABC hat zwei gleiche Seiten" äquivalent zur Behauptung „Das Dreieck ABC hat zwei gleiche Winkel".

Die Substitutionsregel auf Grund der Gleichheit läßt sich ebenfalls zu einer Substitutionsregel auf Grund der Äquivalenz zweier Aussagen p und q erweitern.

Betrachten wir zum Beispiel den Satz S „p $\rightarrow$ (r $\wedge$ p)". Wenn die notwendige und hinreichende Bedingung „p $\leftrightarrow$ q" wahr ist, so leiten wir aus S die Sätze „q $\rightarrow$ (r $\wedge$ q)" oder „q $\rightarrow$ (r $\wedge$ p)" oder „p $\rightarrow$ (r $\wedge$ q)" ab.

4. In den mathematischen Systemen ist eine uneingeschränkte Verwendung der Logik erlaubt. Insbesondere darf man sich mit der größten Freiheit der allgemeingültigen Aussagen der Aussagenalgebra bedienen.

Nehmen wir an, daß das Theorem der Form „p → q" bewiesen werden soll, es sei einfach, zu zeigen, daß gilt

$(\neg q) \to (\neg p)$.

Das Gesetz der Kontraposition „$(p \to q) \leftrightarrow (\neg q) \to (\neg p)$" garantiert uns, daß der Beweis der letzten Implikation gleichzeitig den Beweis des ersten liefert.

Das Verfahren ist in diesem Fall leicht durch die Abtrennungsregel zu rechtfertigen (siehe weiter oben). Das Gesetz von der Kontraposition kann zu $[(\neg q) \to (\neg p)] \to (p \to q)$ abgeschwächt werden. Wir wissen, daß dieses Ergebnis wahr ist. Nehmen wir an, daß $(\neg q) \to (\neg p)$ bewiesen wurde. Die Gültigkeit von „p → q" folgt dann unmittelbar durch Abtrennung.

Um zu beweisen: „Wenn zwei Seiten eines Dreiecks gleich sind, so sind die diesen Seiten gegenüber liegenden Winkel gleich", genügt es zu zeigen: „Wenn die zwei Seiten gegenüberliegenden Winkel eines Dreiecks nicht gleich sind, so sind auch die beiden Seiten nicht gleich".

Ebenso erkennt man an der allgemeingültigen Aussage „$(p \to q) \leftrightarrow [(\neg p) \lor q]$", daß ein Beweis von „p → q" durch einen Beweis von „$(\neg p) \lor q$" geliefert wird. In der Mathematik benützt man häufig die allgemeingültigen Aussagen der Aussagenalgebra, um gewisse Theoreme so umzuformen, daß ihr Beweis leicht zu geben ist.

7.7. Direkte und indirekte Beweise

Wir haben eben einige der bei Beweisen benutzten Verfahren erläutert und veranschaulicht. Nun wenden wir uns zwei speziellen Arten von Beweisen zu. Die meisten Theoreme haben die Form „p → q" einer Implikation. Um diese zu beweisen, kann man so vorgehen:

Man behaupte „p" (man nehme p als wahr an). Aus dieser Annahme heraus konstruiere man ein Argument, das mit der Behauptung „q" endet.

Dieses Verfahren nennt man *direkter Beweis*.

Die Berechtigung eines solchen Verfahrens ist auf Grund der Bedeutung der Implikation klar. Wenn nämlich p nicht wahr ist, so ist die Implikation automatisch wahr. Wir brauchen daher nur den Fall zu berücksichtigen, daß p wahr ist, und wissen dann, daß q notwendig auch wahr ist.

Es ist wichtig festzuhalten, daß die Wahrheit von p nur angenommen ist. Sie ist auf den Fall des vorliegenden Theorems begrenzt. Beim direkten Beweis einer Implikation darf der erste Schritt immer die Behauptung von p sein. Die Berechtigung für diesen Schritt nennt man oft *Hypothese*.

In der Geometrie gilt das Theorem: „Wenn zwei Gerade m und n parallel sind, so sind die inneren Wechselwinkel, die von einer dritten, schneidenden Geraden gebildet werden, gleich groß." Ein Beweis dieses Theorems darf mit der Behauptung „m und n

7.7. Direkte und indirekte Beweise

seien parallel" beginnen. Die Wahrheit dieser Behauptung ist nur provisorisch. Die Behauptung gilt nicht für zwei beliebige Gerade m und n.

x und y seien zwei beliebige Zahlen. Man beweise die Implikation: „x = y → x + 3 = y + 3", d.h. p → q. Wir beginnen mit der Annahme x = y, d.h. p. Da jede Größe sich selbst gleich ist, gilt x + 3 = x + 3. Ersetzt man auf der rechten Gleichungsseite x durch y, so gilt „x + 3 = y + 3" (die partielle Substitution ist auf Grund der behaupteten Eigenschaft „x = y" gestattet). Was wir nun vorfinden, ist „x + 3 = y + 3", d.h. q. Also ist „p → q" bewiesen.

Eine weitere Beweisart heißt *indirekter Beweis* oder Beweis durch Kontradiktion. Dabei benützt man hauptsächlich die Bedeutung der *Negation*. Man kann diese Art etwa so beschreiben:

Um ein Theorem S indirekt zu beweisen, behauptet man seine Negation ¬ S. Von ¬S ausgehend konstruiert man eine Ableitung, die mit der Negation eines bereits bewiesenen Satzes endet. Das ist ein zulässiger Beweis von S.

Um dies plausibel zu machen, kann man so vorgehen: Nehmen wir an, aus der Hypothese ¬ S könne man ¬ T ableiten, wobei T ein bereits bewiesenes Theorem oder ein Postulat sei. Dann hat man einen direkten Beweis für (¬ S) → (¬ T). Durch Kontraposition folgt „T → S". Wir wissen, daß T gilt. Durch Abtrennung folgt damit die Gültigkeit von „S". Damit ist der Beweis geführt.

Es ist nicht nötig, in jedem indirekten Beweis, die letzten Folgerungen stets zu wiederholen. Sobald man „¬T" erreicht hat, setzt man einfach „Kontradiktion" hinzu und betrachtet den Beweis als vollendet.

Die „Kontradiktion" in einem indirekten Beweis ist nicht immer die Negation eines Postulates oder eines bereits bewiesenen Theorems. Es kann dies auch die Negation einer Behauptung sein, die irgendwo im Laufe des Beweises bereits aufgetreten ist. Wir stellen noch eine andere Art eines indirekten Beweises vor:

Um das Theorem p → q indirekt zu beweisen, behaupte man die Negation „p ∧ (¬ q)". Von der Annahme p und ¬ q ausgehend forme man eine Ableitung, die mit ¬ p endet. Dies ist ein zulässiger Beweis von „p → q".

Auch dieses Verfahren ist gerechtfertigt. Aus seiner Beschreibung erkennt man, daß man einen direkten Beweis für [p ∧ (¬ q)] → (¬ p) zu konstruieren hat. Betrachten wir nun die Behauptung

$$[p \wedge (\neg q) \to (\neg p)] \to (p \to q)$$

Sie stellt eine allgemeingültige Aussage dar. Wir haben die Gültigkeit des Antezedens der Implikation bewiesen. Die Abtrennungsregel liefert jetzt die Konsequenz. Diese ist aber gerade das zu beweisende Theorem.

Auch hier wiederholt man nicht in jedem Beweis die allgemeine Rechtfertigung. Zur Behauptung ¬p setzt man hinzu, daß es sich dabei um eine Kontradiktion handelt, und man betrachtet damit den Beweis als erbracht.

Es gibt noch weitere Formen des indirekten Beweises. Unter diesen erwähnen wir die reductio ad absurdum. Um S zu beweisen, beginnt man wieder mit der Negation $\neg S$. Aus der Prämisse $\neg S$ soll man S ableiten können. Daraus ergibt sich ein Beweis für S selbst. Die Rechtfertigung dieses Verfahrens findet man in der allgemeingültigen Aussage $((\neg S)(\to S) \to S$.

x sei eine beliebige Zahl. Das Theorem „$x \neq 0 \to x \cdot x \neq 0$" soll mit dem Quantor $\forall_x$ versehen sein. Ein indirekter Beweis von $\forall_x [x \neq 0 \to x \cdot x \neq 0]$ beginnt mit der Behauptung der Negation der ersten Aussage, also mit $\exists_x [x \neq 0 \wedge x \cdot x = 0]$, oder mit anderen Worten, wir setzen die Existenz einer Zahl x voraus, für die $x \cdot x = 0$. Zum Beweis der Behauptung suchen wir daraus eine Kontradiktion abzuleiten.

Ebenso beginnt ein indirekter Beweis von „$\sqrt{2}$ ist keine rationale Zahl" mit der Behauptung der Negation „$\sqrt{2}$ ist eine rationale Zahl".

7.8. Deduktive Systeme

In diesem Kapitel haben wir uns hauptsächlich mit einigen charakteristischen Eigenschaften der mathematischen Systeme beschäftigt. Diese Systeme faßt man unter der allgemeinen Bezeichnung *deduktive Systeme* zusammen. Der Untersuchung solcher Systeme bringt man in der heutigen Zeit großes Interesse entgegen. Die Gesamtheit solcher Untersuchungen wird mit dem Namen *Methodologie der deduktiven Wissenschafter* bezeichnet. Es überrascht vielleicht, daß sowohl die Logik als auch die Mathematik in verschiedene deduktive Systeme unterteilbar sind. Es gibt eine Mengenalgebra, eine Aussagenalgebra, eine Theorie der Quantifikation u.a.m. Der Zweck dieses Kapitels war es, dem Leser einen kurzen Überblick über diese Theoreme zu bieten. Nach allem, was gesagt wurde, macht die Mathematik freien Gebrauch von der Logik, sie setzt also deren Existenz voraus.

Die deduktiven Systeme der Physik und verwandter Wissensbereiche setzen die Logik und die deduktiven Systeme der Mathematik voraus, oder wenigstens die, die von den einzelnen Forschern in den verschiedenen Bereichen verwendet werden. Selten wird diese Voraussetzung explizit formuliert, sie erscheint jedoch in den Hilfsmitteln, die der Forscher verwendet.

Eine dieser Theorien soll nun noch kurz beschrieben werden. Wir wählen dazu die deduktive Theorie der Mengenalgebra[1]).

Die primitiven Ausdrücke sind die Zeichen „U", „ϕ", „$\subseteq$", „ ′ ", „$\cap$" und „$\cup$". Die intuitive Bedeutung dieser Ausdrücke ist die folgende: U ist die Universalmenge, ϕ die leere Menge, $\subseteq$ die Inklusionsrelation, K' das Komplement von K, $K \cap L$ der Durchschnitt von K und L, $K \cup L$ die Vereinigung von K und L.

---

[1]) Nach Tarski, Introduction à la logique, Oxford Press 1946

Die Aussagenalgebra ist einzige Voraussetzung. Wir geben hier nun die neun Postulate der Theorie an.

Postulat 1: $K \subseteq K$
Postulat 2: Wenn $K \subseteq L$ und $L \subseteq M$, dann $K \subseteq M$.
Postulat 3: $K \cup L \subseteq M$ dann und nur dann, wenn $K \subseteq M$ und $L \subseteq M$.
Postulat 4: $M \subseteq K \cap L$ dann und nur dann, wenn $M \subseteq K$ und $M \subseteq L$.
Postulat 5: $K \cap (L \cup M) \subseteq (K \cap L) \cup (K \cap M)$.
Postulat 6: $K \subseteq U$.
Postulat 7: $\phi \subseteq K$.
Postulat 8: $\phi \subseteq K \cup K'$.
Postulat 9: $K \cap K' \subseteq \phi$.

Aus diesen Postulaten lassen sich alle Theoreme der Mengenalgebra ableiten.

Man beachte, daß das Zeichen „=" in der Liste der Postulate nirgends auftritt. Das wäre auch nicht gestattet, da man ja nur die Aussagenalgebra voraussetzt und diese den Ausdruck „=" nicht enthält.

Allerdings ist es möglich, „=" als spezifischen Ausdruck der Mengenalgebra zu definieren, etwa so:

Wir sagen $K = L$ dann und nur dann, wenn $(K \subseteq L) \wedge (L \subseteq K)$.

7.9. Übungen

1. Welche unter den folgenden Ausdrücken sind als primitive Ausdrücke für die Theorie der Geometrie am besten geeignet: a) Dreieck; b) gerade Linie; c) senkrecht; d) Punkt; e) Ebene; f) gleich.

2. Dieselbe Frage soll an Hand der folgenden Aufstellung für eine Theorie der Arithmetik beantwortet werden: a) Quotient; b) Vielfaches; c) Faktor; d) prim; e) Produkt; f) Summe; g) Differenz.

3. Die meisten Nachschlagewerke enthalten einen circulus vitiosus, indem sie die primitiven Ausdrücke ebenfalls definieren. Man entscheide, ob es für die folgenden Wörter eines Wörterbuches einen Zirkel von Definitionen gibt und gebe diesen an:

a) Leben; b) Ursache; c) Licht; d) negativ; e) Schönheit; f) gleich; g) Addition; h) Division.

4. Man gebe eine Definition der folgenden Ausdrücke an. In jedem Fall ist zu entscheiden, ob der definierte Ausdruck als primitiv zu betrachten ist oder nicht. Wenn nicht, so beschreibe man in groben Zügen eine Kette von Definitionen, die diesen Ausdruck mit den primitiven Ausdrücken verbindet.

a) gleichschenkliges Dreieck; b) gleichseitiges Dreieck; c) Rechteck; d) Quadrat; e) Parallele; f) Schnittpunkt zweier Linien; g) gerade Zahl; h) ungerade Zahl; i) Mittel aus zwei Zahlen; j) Vater; k) Sohn; l) Bruder; m) Onkel; n) Großonkel; o) Vetter.

5. Zum Modellbegriff. Man betrachte das folgende abstrakte mathematische System:

Primitive Ausdrücke: Eine Menge von Elementen werde mit C, eine Relation in C mit R bezeichnet. Man verwende die Variablen x, y, z mit dem Bereich C.

Postulat 1. $\forall_x xRx$

Postulat 2. $\forall_x \forall_y \forall_z [(xRz \wedge yRz) \rightarrow xRy]$.

Nun entscheide man bei den folgenden konkreten Systemen, ob sie ein Modell für das angegebene abstrakte System sind oder nicht.

a) Die Menge C ist die Menge der natürlichen Zahlen. Die Relation R ist die übliche Relation „kleiner als" ($<$).

b) Die Menge C besteht aus dem einzigen Element S. Die Relation ist die übliche Gleichheitsrelation.

c) Die Menge C ist die Menge aller Dreiecke. Die Relation R ist die übliche Ähnlichkeitsrelation.

6. In jeder der Übungen 6 bis 8 betrachte man Aussagen unter a), b) und c) als wahr. Mit Hilfe der Abtrennungsregel und einem geeigneten Gesetz oder Prinzip von früher gebe man den verlangten Beweis.

a) p, b) $p \rightarrow q$, c) $(p \rightarrow q) \rightarrow (q \rightarrow r)$.

Man zeige, daß r wahr ist.

7. Dasselbe wie in 6 für

a) p, b) $p \rightarrow p \rightarrow q$.

Man zeige, daß q wahr ist.

8. Dasselbe wie in 6 für

a) $p \rightarrow q$, b) $\neg q$.

Man zeige, daß p falsch ist.

9. Wir betrachten nochmals das System der Übung 5 und nehmen als

Postulat 1: $\forall_x xRx$.

Postulat 2: $\forall_x \forall_y \forall_z [(xRz \wedge yRz) \rightarrow xRy]$.

Man beweise die folgenden Theoreme:

Theorem 1: $\forall_y \forall_z [yRz \rightarrow yRz]$.

(Hinweis: Man substituiere im Postulat 2 z für x).

Theorem 2: $\forall_y \forall_z [zRy \rightarrow yRz]$.

Theorem 3: $\forall_y \forall_z [yRz \rightarrow yRy]$.

Theorem 4: $\forall_x \forall_y \forall_z [xRy \wedge yRz) \rightarrow xRz]$.

(*Hinweis:* Man ersetze in Postulat 2 z durch y und y durch z und verwende Theorem 3).

10. In derselben Weise fortfahrend beweise man, daß die Aussage

$\exists_x \exists_y [x \neq y \wedge xRy]$

kein Theorem dieses Systems ist.

(*Hinweis:* Man betrachte verschiedene Modelle dieses Systems und suche ein Modell, in dem die Aussage nicht gilt).

8. Die kommutative Gruppe

8.1. Allgemeines über die Methode der Abstraktion

Im Kapitel 7 haben wir in groben Umrissen die Eigenschaften eines mathematischen Systems beschrieben. Man wird jedoch kaum die volle Bedeutung eines derartigen Systems erkennen, ehe man an einer in alle Einzelheiten gehenden Entwicklung einer mathematischen Theorie teilgenommen hat, d.h. ehe man gelernt hat, Postulate und Definitionen zu wählen. Theoreme zu entdecken und solche zu beweisen. Um dem Leser dies zu veranschaulichen, werde in diesem Kapitel ein einfaches mathematisches System entwickelt, das man die *kommutative Gruppe* nennt. Diese Untersuchung ist eine gute Einführung in die mathematische Denkweise und lehrt den Gebrauch eines fundamentalen, dem Forscher unentbehrlichen Werkzeuges. Der Leser erhält eine Vorstellung von den mannigfachen Möglichkeiten, wenn er die große Vielfalt der Modelle kennengelernt hat.

Von großer Wichtigkeit in der Mathematik ist es, daß man die Eigenschaften der gewöhnlichen Zahlen durch eine deduktive Methode beschreiben kann. Wir werden sehen, daß bei dieser Aufgabe der Begriff der kommutativen Gruppe eine tragende Rolle spielt.

Ein Mathematiker geht die Konstruktion eines deduktiven Systems nicht in etwa der Weise an, daß er sich eines schönen Morgens fragt: „Welches neue System will ich denn heute konstruieren?" Eher vollzieht sich der Beginn einer solchen Arbeit in der folgenden Weise: Eines Tages bemerkt der Mathematiker durch eine plötzliche Eingebung, daß mehrere wohlbekannte und anscheinend zusammenhanglose Theorien doch gewisse allgemeine Merkmale gemeinsam haben. Er versucht nun, diese Merkmale exakt zu fassen und in abstrakter Form zu beschreiben, um sie unabhängig von den speziellen Theorien zu formulieren, an denen er sie entdeckt hat. Er erhält damit eine Art Rahmen, der allen diesen Theorien gemeinsam ist.

Innerhalb dieses Rahmens formuliert er nun neue Theoreme und beweist sie, ohne deshalb die Tatsachen, die von den ursprünglichen Theorien stammen, aus dem Auge zu verlieren. Er versucht, diese Tatsachen neu zu interpretieren und hofft dabei, nicht nur weitere Merkmale aufzufinden, die diesen Theorien gemeinsam sind, sondern auch – und das interessiert ihn besonders stark – neue Systeme zu entdecken, die in diesen Rahmen passen.

In welcher Weise stehen nun die genannten Überlegungen mit den Teilen eines deduktiven Systems in Verbindung? *Zuerst,* wenn der Mathematiker die fundamentalen Merkmale, die gewissen Systemen gemeinsam sind, in allgemeiner Form beschreibt, benützt er die primitiven Ausdrücke und Postulate seines neuen abstrakten Systems.

Wenn er *dann* in der Folge Theoreme beweist, so darf darin keine dem einen oder anderen ursprünglichen System eigene spezielle Eigenschaft vorkommen. Wenn er *schließlich* das neue abstrakte System wieder mit den speziellen Systemen in Verbindung bringt, so interpretiert er seine allgemeine Theorie mit Hilfe verschiedener bekannter Modelle.

Darin besteht in groben Umrissen die Methode der Abstraktion, die sich als zweckmäßig erweist, wenn man bekannte Merkmale vereinheitlichen will, um neue zu entdecken.

Beginnen wir nun die Untersuchungen der kommutativen Gruppe, indem wir uns möglichst an die beschriebene Methode der Abstraktion halten. Zunächst stellen wir eine Betrachtung über die Menge der ganzen Zahlen I = {..,−3,−2,−1, 0, 1, 2, 3..} voran. Verschiedene binäre Operationen auf I kennen wir bereits: die Addition, die Substraktion, die Multiplikation, die Division. Wir wollen uns hauptsächlich auf die Addition beschränken. Um diese Beschränkung zum Ausdruck zu bringen, sprechen wir von dem System [I, +], was besagen soll, es handle sich um die Menge der ganzen Zahlen mit der Addition als binärer Operation. Wir sagen, die ganzen Zahlen sind der Addition unterworfen. Wo es notwendig ist, sprechen wir auch von der Menge der ganzen Zahlen und der Multiplikation als binärer Operation. Das System wird dann durch [I, •] bezeichnet.

Mit den Variablen k, l, m, ..., die die Menge I als Bereich haben sollen, formulieren wir jetzt verschiedene Eigenschaften der Menge [I, +].

1. Zu je zwei ganzen Zahlen m und n gibt es eine und nur eine ganze Zahl k, so daß

$k = m + n$.

2. Wenn man drei gegebene ganze Zahlen in einer bestimmten Reihenfolge addiert, so ist das Ergebnis unabhängig von der Art, in der man die Zahlen durch Klammern zusammenfaßt d.h. für drei ganze Zahlen m, n, k ist immer

$(m + n) + k = m + (n + k)$.

Wir dürfen außerdem bemerken:

3. Die Summe von zwei ganzen Zahlen ist unabhängig von der Reihenfolge

$m + n = n + m$.

4. Es gibt eine spezielle ganze Zahl, 0, die zu einer beliebigen Zahl m addiert als Summe m ergibt. Mit anderen Worten, für jede Zahl m gilt

$0 + m = m$.

8.1. Allgemeines über die Methode der Abstraktion

Darüber hinaus ist diese Zahl die einzige mit der Eigenschaft. Man erinnert sich auch, daß es zu jeder ganzen Zahl m eine entgegengesetzte Zahl $-m$ gibt, die zu m addiert 0 ergibt, $m + (-m) = 0$. Diese Eigenschaft können wir in der folgenden Form festhalten.

5. Gegeben sei die ganze Zahl m. Es gibt dazu eine ganze Zahl n, die zu m addiert 0 ergibt, d. h. zu jeder ganzen Zahl m existiert eine ganze Zahl n mit

$m + n = 0$.

Außerdem ist bei gegebenem m die Zahl n eindeutig festgelegt, sie heißt die zu m *entgegengesetzte Zahl*. Man schreibt dafür $-m$. Die zu 0 entgegengesetzte Zahl ist 0.

Wir betrachten nun die Menge F der positiven rationalen Zahlen mit der Multiplikation als binärer Operation und bezeichnen das System mit $[F, \cdot]$. Man erinnere sich, daß „rationale Zahl" die Bedeutung „Bruchzahl" hat und daß auch die ganzen Zahlen Brüche sind, Brüche mit dem Nenner 1 nämlich. Außerdem denke man daran, daß „positiv" die Bedeutung größer als 0" hat. Also ist $2/3 \in F$ und $1 \in F$, aber $-4/7 \notin F$ und $0 \notin F$.

Mit u, v, w, ... sollen Variable mit dem Bereich F bezeichnet werden. Wir erwähnen einige Merkmale des Systems $[F, \cdot]$.

$1'$. Zu je zwei Elementen u und v gibt es ein und nur ein Element w mit $u \cdot v = w$.

$2'$. Für drei Elemente u, v, w ist immer

$(u \cdot v) \cdot w = u \cdot (v \cdot w)$

$3'$. Für jedes Elementepaar u, v ist $u \cdot v = v \cdot u$.

$4'$. Das spezielle Element 1 ($= 1/1$) von F hat die Eigenschaft, daß für jedes Element u aus F gilt $1 \cdot u = u$.

Außerdem ist 1 das einzige Element mit dieser Eigenschaft. Zu der positiven rationalen Zahl 2/3 gibt es die positive rationale Zahl 3/2 mit $3/2 \cdot 2/3 = 1$, der ganzen Zahl 5 können wir das Element 1/5 zuordnen mit $5 \cdot 1/5 = 1$. Diese Eigenschaft drücken wir so aus:

$5'$. Zu jedem Element u gibt es ein und nur ein Element v mit $u \cdot v = 1$.

Die positive rationale Zahl v heißt die zu u *inverse Zahl*. Wir schreiben dafür $1/u$.

Vergleichen wir die genannten Merkmale für $[I, +]$ und für $[F, \cdot]$, so erkennen wir eine gewisse Ähnlichkeit. Kann man die gemeinsamen Merkmale von $[I, +]$ und $[F, \cdot]$ so formulieren, daß die beiden Mengen zu Spezialfällen eines allgemeineren Systems werden? Die Antwort ist ja. Die beiden Systeme lassen sich tatsächlich in ein einziges System einordnen, das unter dem Namen *kommutative Gruppe* bekannt ist. Wir werden diese Einordnung schrittweise unter Anwendung der *Methode der Abstraktion* vornehmen.

8.2. Anwendung auf die Konstruktion einer Gruppe. Das Abschlußpostulat

Zunächst muß man die undefinierten Ausdrücke und Postulate angeben, die gemeinsame Merkmale von [I, +] und [F, ·] sind. Jedes System [I, +] oder [F, ·], umfaßt nur eine einzige Menge (I oder F) und eine einzige binäre Operation (+ oder ·). Es ist daher natürlich, wenn wir ein neues abstraktes System konstruieren, das eine *einzige undefinierte Menge* (wir nennen sie G) und eine *einzige undefinierte binäre Operation* (wir bezeichnen sie durch*) enthält. Wir betrachten als das System (G, *). Dieses System ist allgemein oder „abstrakt", da wir weder G noch * eine spezielle Bedeutung gegeben haben. Wir fühlen jedoch, daß wir bei deren Interpretation konkreter Art nicht ganz frei sind, wenn wir eine solche geben wollten. Somit haben wir die primitiven (undefinierten) Ausdrücke der neuen Theorie gewählt.

Undefinierte Ausdrücke: eine Menge G, eine binäre Operation in G, als * bezeichnet.

Wir lassen die Verwendung einer großen Zahl von Variablen zu, deren Bereich G ist. Solche können durch die Buchstaben des Alphabetes x, y, z oder durch die ersten Buchstaben a, b, c bezeichnet werden (eine einzige Ausnahme bildet der Buchstabe „e", diesen reservieren wir für einen besonderen Zweck. Der Ausdruck x * y soll das Resultat der Kombination von x mit y (in dieser Reihenfolge) gemäß der binären Operation bezeichnen x * y liest man: x Stern y).

Wir gehen nun zu den Postulaten über. Vergleichen wir (1) und (1'), so finden wir das folgende Postulat des abstrakten Systems:

Postulat 1. x *und* y *seien zwei Elemente von* G. *Es gibt ein und nur ein Element* z *von* G *mit* z = x * y.

Unter Verwendung von Quantoren schreiben wir:

$$\forall_{x} \forall_{y} \exists_{z} \; z = x * y$$

Man beachte die Kürze dieser Darstellungsart. Es scheint, daß im zweiten Satz „und nur ein" vergessen wurde. Das ist aber nicht der Fall, da der Begriff einer binären Operation ein eindeutiges Resultat voraussetzt. Dessen Existenz ist durch ∃ garantiert.

Das Postulat 1 zeigt tatsächlich, daß der Definitionsbereich der Operation * das Cartesische Produkt G × G ist. Diese Eigenschaft ist nicht von selbst erfüllt, sie stellt eine wirkliche Einschränkung für [G, *] dar.

Wenn G zum Beispiel die Menge {1, 2, 3, ..., 10} und * die Addition ist, so ist Postulat 1 nicht erfüllt. Der Definitionsbereich von * ist die Menge aller Paare (x, y), für die x + y kleiner als 10 ist.

Um zu betonen, daß der Definitionsbereich von * zum Beispiel die Menge der ganzen Zahlen ist, sagt der Mathematiker, die Operation sei auf zwei beliebige ganze Zahlen x und y anwendbar. Das Postulat 1 gibt eine andere Ausdrucksweise: G ist unter der Operation * *abgeschlossen*.

Denkt man sich die Elemente von G von einer Hülle umgeben, so führt die Anwendung der Operation * auf zwei beliebige Elemente nicht über diese Hülle hinaus. Das Postulat 1 heißt aus diesem Grunde *Abschlußpostulat*.

Wir sagen, daß die Menge $\{1, 2, 3, \ldots, 10\}$ bezüglich der Addition nicht abgeschlossen ist.

8.3. Die Postulate der Assoziativität, Kommutativität und Identität

Die Aussagen (2) und (2') des Abschnittes 8.1 legen das folgende Postulat nahe:

Postulat 2. *Für jedes Tripel* x, y, z *aus G gilt*

$(x * y) * z = x * (y * z)$,

oder in quantifizierter Form

$\forall_{x} \forall_{y} \forall_{z} [(x * y) * z = x * (y * z)]$.

Eine kurze Erklärung: Die binäre Operation * hat nur einen Sinn, wenn man sie auf zwei Elemente anwendet. Was sollte daher x * y * z heißen? Soll man zuerst x * y bilden und hernach (x * y) * z oder soll man zuerst die Operation y * z und dann die Operation x * (y * z) ausführen? Das Postulat sagt aus, daß das Ergebnis in jedem Fall dasselbe sein soll. Aus diesem Grunde heißt dieses Postulat *Assoziativitätspostulat*.

Man könnte meinen, daß Postulat 2 immer gilt, wenn Postulat 1 erfüllt ist. Das Beispiel [I, −] der Menge I mit der Subtraktion liefert jedoch das Gegenteil.

Die Aussagen (3) und (3') führen uns zu dem folgenden Postulat:

Postulat 3. *Für jedes Paar von Elementen* x, y *aus G gilt*

$x * y = y * x$

oder in quantifizierter Form

$\forall_{x} \forall_{y} [x * y = y * x]$.

Dieses Postulat sagt aus, daß die Operation * nicht von der Reihenfolge der Faktoren abhängt. Eine binäre Operation mit dieser Eigenschaft heißt *kommutativ*. Das Postulat 3 heißt *Kommutativitätspostulat*.

Ist eine binäre Operation nicht notwendig kommutativ? Nein.

Nehmen wir zum Beispiel [I, −], d.h. die Subtraktion in I. Man könnte einwenden, daß dies ein schlechtes Beispiel sei, da dabei Postulat 2 nicht gilt. Dann stellen wir die Frage anders: „Erfüllt jedes System mit den Postulaten 1 und 2 auch Postulat 3?"

Um uns zu versichern, daß hier die Antwort ebenfalls „nein" ist, betrachten wir ein etwas außergewöhnliches Beispiel. Wir nehmen I für G, also $x \in I$ und $y \in I$. * bestimmen wir so, daß $x * y = y$. Infolge der Assoziativität reduzieren sich $(x * y) * z$ und $x * (y * z)$ jeweils auf y. Die Postulate 1 und 2 sind daher erfüllt, nicht aber Postulat 3, da $x * y = y$, aber $y * x = x$. Das Postulat gilt also nur im Falle $x = y$.

Schwieriger ist die Formulierung einer Abstraktion von (4) und (4'). So ein Postulat müßte eine Aussage über das spezielle Verhalten spezieller Elemente (0 in I, 1 in F) bezüglich der binären Operation ausdrücken. Wir haben aber keinen Namen für spezielle Elemente von G. Trotzdem dürfen wir ein geeignetes Element aus G auswählen, ihm einen Namen geben und ein entsprechendes Verhalten zuschreiben. Wir formulieren dies in dem folgenden Postulat:

Postulat 4. *Es existiert ein und nur ein Element y von G, so daß für alle x aus G gilt* $y * x = x$, oder in quantifizierter Form

$$\underset{y}{\exists} \bigg| \underset{x}{\forall} [y * x = x].$$

Dieses Postulat sagt aus, daß wir bei einer Untersuchung aller Elemente von G ein und nur ein Element y finden, so daß für beliebige x gilt $y * x = x$. Da dieses Element von G eindeutig festgelegt ist (man denke an 0 in I oder 1 in F), ist es natürlich, wenn man ihm einen eigenen Namen gibt. Wir führen dies in dem folgenden Satz durch, der die erste Definition unseres abstrakten Systems darstellt.

Definition 1. *Wir sagen, daß* $y = e$ *dann und nur dann, wenn für alle x aus G gilt* $y * x = x$.

Diese Definition führt den Namen „e" ein, mit dem das *neutrale Element* des Systems bezeichnet werden soll. Das Postulat 4 garantiert uns, daß „e" der Name eines einzigen Elementes aus G ist. Es ist das neutrale Element von G. Das Postulat 4 heißt deshalb *Identitätspostulat*. Das neutrale Element von [I, +] ist 0, das von [F, ·] ist 1.

Es ist interessant zu sehen, wie die Definition 1 gut dem Kriterium für die beiden Teile einer Definition entspricht. Der erste Teil enthält das Symbol „e", das definiert werden soll. Der zweite Teil enthält dieses nicht mehr. Der Ausdruck „e" ist der erste spezifische Ausdruck unserer Theorie, der mit Hilfe einer Definition eingeführt wurde. Die zwei anderen spezifischen Ausdrücke sind die undefinierten Ausdrücke G und *.

Aus Postulat 4 und Definition 1 folgt

$$\underset{x}{\forall}[e * x = x].$$

Achtung! Das Element „e" ist keine Variable. e ist ein konstantes Element von G (wie 0 in I oder 1 in F).

8.4 Das Postulat des Inversen

Wie früher könnte man fragen, ob Postulat 4 nicht eine Konsequenz der Postulate 1 bis 3 sei. Das System der natürlichen Zahlen N mit der Addition zeigt, daß dies nicht der Fall ist. Hier gelten die Postulate 1 bis 3, aber nicht Postulat 4. Es gibt kein neutrales Element in N. 0 wäre so ein neutrales Element, aber es gehört nicht zu N. Daraus kann man jedoch nicht schließen, daß N mit der Multiplikation auch kein neutrales Element besitzt.

Wir geben ein interessantes Beispiel an. Wenn [G, *] den Postulaten 1 bis 3 genügt, wieviele Elemente können dann die Bedingung $\forall_x y * x = x$ erfüllen? Wir haben gesehen, daß G nicht notwendigerweise ein neutrales Element hat. Man beweist leicht, daß G nicht mehr als ein neutrales Element haben kann. Die Forderung der Eindeutigkeit in Postulat 4 ist daher nicht notwendig. Aber der Einschluß dieser Bedingung vereinfacht die Betrachtungen.

8.4. Das Postulat des Inversen

Unser letztes Postulat ist auf die Aussagen (5) und (5') begründet. In dem System [I, +] kann man jedem Element m genau ein Element n (das von m abhängt) zuordnen, so daß m + n gleich dem neutralen Element 0 ist. Ebenso bestimmt jedes Element u von [F, ·] ein einziges Element v mit u · v = 1, wobei 1 das neutrale Element ist. Es ist daher klar, daß unser neues Postulat die folgende Form haben muß:

Postulat 5. *Jedem Element x von G entspricht ein eindeutig bestimmtes Element y von G, so daß* y * x = e, *oder in quantifizierter Form*

$$\forall_x \exists_y | [y * x = e].$$

Das durch Postulat 5 den Elementen x zugeordnete Element y erhält einen speziellen Namen und ein spezielles Symbol.

Definition 2. *Wir sagen, daß* y = x' *dann und nur dann, wenn* y * x = e.

Diese Definition gibt dem Symbol „x'" eine Bedeutung. Das Postulat 5 garantiert, daß es zu jedem x in G ein „x'" gibt und daß dieses zugeordnete Element eindeutig ist. x' nennt man das zu x *inverse Element*. Das Postulat 5 heißt *Postulat des Inversen*.

Achtung: Man verwechsle dieses invers nicht mit dem bereits verwendeten Wort invers. Im Modell [I, +] ist das zu einem Element inverse Element sein entgegengesetztes Element. Im Modell [F, ·] trägt das inverse Element tatsächlich auch diesen Namen. Wie immer haben allgemeine Bezeichnung in speziellen Fällen noch spezielle Bedeutungen.

Aus dem Postulat 5 und der Definition 2 erhält man

$$\forall_x [x' * x = e].$$

Für den Leser, der den Inhalt des Postulates 5 und der Definition 2 noch nicht erfaßt hat, geben wir noch einige Bemerkungen, die ihm das Verständnis erleichtern sollen. Man wähle ein beliebiges Element x aus G und suche unter den Elementen y von G die heraus, für die y * x = e. Das Postulat besagt, daß es genau ein Element mit dieser Eigenschaft gibt. Wir nennen dieses Element x'. Diese Bezeichnung soll daran erinnern, daß das Element von x abhängt.

Man erkennt sicher den Unterschied zwischen e und x'. Das Element e ist ein für allemal in G fixiert. Im Gegensatz dazu ist x' gar nicht bekannt, ehe nicht x selbst gewählt wurde. Da x beliebige Werte aus G erhalten darf, ist x' veränderlich. Im Gegensatz dazu hängt e nicht von der Wahl eines x ab. Wir sagen nicht neutrales Element von x, aber wir sprechen von einem Element x', das zu x invers ist.

Das Postulat 5 kann mit dem Begriff der Relation in Verbindung gebracht werden. Der Satz „ist invers zu" beschreibt eine Relation in G. Das Paar (x, y) gehört zu dieser Relation, falls y * x = e. Der Bereich der Relation ist ganz G × G. Die Relation hat noch andere interessante Eigenschaften. Wir führen schon jetzt zwei davon an: 1. Sie ist symmetrisch, d.h. wenn v invers zu x ist, so ist x invers zu y. 2. Das neutrale Element ist zu sich selbst invers.

Die „Eindeutigkeit", die im Postulat 5 zum Ausdruck kommt, lehrt uns, daß diese Relation in Wirklichkeit eine Funktion ist. Es gilt $f(x) = x'$. Da f eine Funktion von G in G ist, handelt es sich um eine einstellige Funktion.

Ein System [G, *], das den Postulaten 1, 2, 4 und 5 genügt, heißt *Gruppe*. Gilt auch noch Postulat 3, so heißt [G, *] *kommutative Gruppe*. Wir wollen nun ein solches System studieren. Wenn wir von einem abstrakten System [G, *] sprechen, so nehmen wir von jetzt ab an, daß es diesen fünf Postulaten genügt.

8.5. Die Postulate und Theoreme der kommutativen Gruppe

Ehe wir die kommutative Gruppe weiter untersuchen, wird es gut sein, sich daran zu erinnern, was an dem System [G, *] abstrakt ist. In den folgenden Beweisen muß man sich davor hüten, der Klasse G und der binären Operation * eine Eigenschaft zuzuschreiben, weil etwa eines der Modelle diese Eigenschaft besitzt. Zum Beweis eines Theorems dürfen unsere Überlegungen nur auf den Postulaten und auf schon früher bewiesenen Theoremen aufbauen. Es ist also zu beachten: Wir wissen über G und * nicht mehr als das, was wir explizit bereits in Theoremen bewiesen haben und was in den Postulaten ausgedrückt ist.

Diese Forderung, so streng sie auch ist, hindert uns jedoch nicht, konkrete Systeme heranzuziehen. Das machten wir bereits, wenn wir G und * einen speziellen Sinn gaben und wenn wir Definitionen, Postulate und Theoreme des abstrakten Systems deuteten. Wir erinnern uns, daß wir ein System konkret genannt haben, wenn darin die Postulate zu wahren Aussagen wurden. So ein konkretes System nannten wir auch

8.5. Die Postulate und Theoreme der kommutativen Gruppe

Modell des abstrakten Systems [G, *]. So bilden die ganzen Zahlen mit der Addition und die positiven rationalen Zahlen mit der Multiplikation je ein Modell für das abstrakte System [G, *]. Diese Modelle sind eine beträchtliche Denkhilfe. Sie helfen uns, die Bedeutung eines Postulats, einer Definition oder eines Theorems zu finden, und sie leiten uns bei der Aufstellung von Definitionen und neuen Theoremen.

Bevor wir unsere neue Theorie entwickeln, fertigen wir uns eine Liste der wichtigsten Merkmale der kommutativen Gruppe [G, *] an, auf die wir jederzeit zurückgreifen können.

Undefinierte Ausdrücke: Eine Menge G und eine binäre Operation in G, die mit * bezeichnet wird.

Postulat 1: $\forall_x \forall_y \exists_z [z = x * y]$

Postulat 2: $\forall_x \forall_y \forall_z [(x * y) * z = x * (y * z)]$ (Assoziativität).

Postulat 3: $\forall_x \forall_y [x * y = y * x]$ (Kommutativität).

Postulat 4: $\exists_y \mid \forall_x [y * x = x]$ (neutrales Element).

Definition 1: Wir sagen $y = e$ dann und nur dann, wenn

$$\forall_x [y * x = x]$$

Postulat 5: $\forall_x \exists_y \mid [y * x = e]$.

(Für jedes x gibt es ein und nur ein y mit $y * x = e$.)

Definition 2: Wir sagen $y = x'$ dann und nur dann, wenn $y * x = e$.

Diese Aufzählung enthält zwei undefinierte Ausdrücke, fünf Postulate und zwei Definitionen. Die zwei folgenden Ergebnisse, die wir als die zwei ersten Theoreme bezeichnen, folgen aus dem Vorangehenden.

Theorem 1: $\forall_x [e * x = x]$.

Theorem 2: $\forall_x [x' * x = e]$.

Theorem 1 ist eine unmittelbare Konsequenz aus Postulat 4 und Definition 1. Theorem 2 folgt aus Postulat 5 und Definition 2.

Außerdem gilt:

Korrolar[1]) zu Theorem 1: $\forall_x [x * e = x]$.

---

[1]) Dieses Theorem wird als *Korrolar* bezeichnet. Ein Korrolar ist nichts anderes als ein Theorem. Der Name soll nur andeuten, daß es aus einem anderen Theorem unmittelbar folgt.

Der Beweis dafür ist einfach. x sei ein Element von G. Wegen der Kommutativität gilt für y = e die Gleichung x * e = e * x. Nach Theorem 1 ist e * x = x. Ersetzen wir also in der rechten Gleichungsseite e * x durch x, so ergibt sich die gewünschte Gleichung.

Korrolar zu Theorem 2: $\forall_x [x * x' = e]$.

Den einfachen Beweis überlassen wir dem Leser.

Theorem 3: $\forall_x \forall_y \forall_a [(x = y) \to (a * x = a * y)]$, was man in Worten auch so ausdrücken kann: a, x und y seien beliebige Elemente aus G. Aus x = y folgt a * x = a * y.

Beweisen wir dieses Theorem. x, y, a seien beliebige Elemente von G und es gelte x = y. Dann ist nach dem Abschlußpostulat a * x ein eindeutig bestimmtes Element von G. Wegen der Reflexivität der Gleichheitsrelation können wir schreiben a * x = a * x. Ersetzen wir auf der zweiten Seite dieser Gleichung x durch y (nach Annahme gilt x = y), dann ergibt sich das gewünschte Resultat a * x = a * y.

Korrolar zu Theorem 3: $\forall_x \forall_y \forall_a [(x = y) \to (x * a = y * a)]$.

Der Beweis sei dem Leser überlassen.

Theorem 4 (Kürzungsregel): $\forall_x \forall_y \forall_a [(a * x = a * y) \to (x = y)]$.

Beweis: x, y, a seien Elemente von G, so daß gilt a * x = a * y. a' sei das zu a inverse Element. Die induviduellen Elemente a * x und a * y sind gleich. Also dürfen wir schreiben

a' * (a * x) = a' * (a * y).

Wendet man das Assoziativitätspostulat auf jede der beiden Gleichungsseiten an, dann geht die Gleichung über in (a' * a) * x = (a' * a) * y. Aber (a' * a) = e nach Theorem 2. Die letzte Gleichung lautet also e * x = e * y. Daraus folgt wegen Theorem 1 x = y.

Man nennt Theorem 4 die *Kürzungsregel*, weil es gestattet, ein in einer Gleichung auf beiden Seiten links vom Zeichen * auftretendes Element a zu streichen. So darf man wegen Theorem 4 im Modell [F, ·] zum Beispiel von 4/5 · u = 4/5 · v auf u = v übergehen. Im speziellen Modell [I, +] darf man aus demselben Grund für −3 + 2 m = −3 + 5 n schreiben 2 m = 5 n. Man beachte übrigens, daß Theorem 4 zu Theorem 3 reziprok ist.

Korrolar 1 zu Theorem 4: $\forall_x \forall_y \forall_a [(x * a = y * a) \to (x = y)]$.

Der Beweis ist einfach, er sei dem Leser überlassen.

8.5. Die Postulate und Theoreme der kommutativen Gruppe

Zu jedem der vier bisherigen Theoreme haben wir ein entsprechendes Korrolar angegeben, wobei es sich jeweils nur um eine offensichtliche Modifikation auf Grund des Kommutativitätspostulates handelte.

Korrolar 2 zu Theorem 4: $\forall_x \forall_y \forall_a\ [(x \neq y) \rightarrow (a * x \neq a * y)]$.

Dieses Korrolar ist die Kontraposition von Theorem 4.

Alle Theoreme oder Korrolare sind bisher direkt bewiesen worden. Der neue Beweis soll indirekt erfolgen. Wir beginnen mit der Negation des Theorems als Hypothese. Mit anderen Worten, wir nehmen an

$$\exists_x \exists_y \exists_a [(x \neq y) \wedge (a * x = a * y)]$$

oder noch anders ausgedrückt, wir nehmen an, es existieren drei Elemente x, y, a mit $x \neq y$ aber $a * x = a * y$. Können wir daraus eine Kontradiktion ableiten? Ja. Wenden wir auf die letzte Gleichung die Kürzungsregel an. Wir erhalten x = y. Aber das widerspricht der Hypothese $x \neq y$. Folglich ist der Beweis erbracht.

Korrolar 3 zu Theorem 4: $\forall_x \forall_y \forall_a\ [(x \neq y) \leftrightarrow a * x \neq a * y]$

Den einfachen Beweis kann der Leser ausführen.

Bisher wurde der Allquantor stets in allen Postulaten und Theoremen unserer Theorie explizit mitgeschrieben. Wie wir früher schon bemerkten, ist das aber dann nicht notwendig, wenn aus der quantifizierten Aussage selbst klar hervorgeht, welcher Quantor anzuwenden ist. Für solche Aussagen unterdrücken wir in der Folge den Allquantor. Mit dieser Vereinbarung lautet das Kommutativitätspostulat „x * y = y * x" und das Assoziativitätspostulat „(x * y) * z = x * (y * z)". Zu beachten ist, daß die Vereinbarung nur den Allquantor betrifft. Als Beispiel für ein ohne Allquantor formuliertes Theorem, führen wir Theorem 5 an:

Theorem 5: $x = y \rightarrow x' = y'$. *Wenn zwei Elemente von G gleich sind, so sind auch ihre Inversen gleich.*

Beweis: Annahme ist x = y. Nach Theorem 2 ist $x' * x = e$ und $y' * y = e$, also $x' * x = y' * y$. Ersetzt man links x durch y, was auf Grund der Annahme x = y erlaubt ist, so erhält man $x' * y = y' * y$. Wendet man nun Korrolar 1 von Theorem 4 an, so folgt $x' = y'$, w.z.b.w.

Theorem 6: $e' = e$.

Das neutrale Element ist zu sich selbst invers.

Das ist das Ergebnis, das wir schon früher erwähnt haben. Zu seinem Beweis ersetzt man die absolute Variable x in Theorem 2 durch den Buchstaben e. Damit erhält man $e' * e = e$. Ersetzt man nun im Korrolar von Theorem 1 x durch e, so ergibt sich $e * e = e$. Die beiden Ausdrücke stellen jeweils e dar. Die Kürzungsregel aus dem Korrolar 1 von Theorem 4 liefert dann

$e' = e$ w.z.b.w.

Theorem 7: $(x')' = x$.

Das inverse Element vom inversen Element von x ist x selbst. Das Element $(x')'$ ist invers zu x'. Zeigen wir nun den Beweis des Theorems. Nach dem Korrolar zu Theorem 2 gilt $x * x' = e$. Auf Grund von Theorem 2 gilt $(x')' * x' = e$. Also ist $(x')' * x' = x * x'$. Aus Theorem 4 folgt daher

$(x')' = x$ w.z.b.w.

Korrolar zu Theorem 7: $y = x' \leftrightarrow x = y'$.

Wir zeigen zuerst die Implikation $(y = x') \to (x = y')$. Nach Theorem 5 gilt mit $y = x'$ auch $y' = (x')'$. Aber $(x')' = x$, also haben wir $x = y'$, w.z.b.w. Der Beweis der reziproken Aussage sei dem Leser überlassen. Mit dem Beweis der reziproken Aussage $(x = y') \to (y = x')$ ist auch der Beweis der Äquivalenz vollständig. Das Korrolar zeigt, daß die durch „y ist invers zu x" beschriebene Relation symmetrisch ist. Dieses Ergebnis wurde früher schon erwähnt.

Theorem 8: $x' = y' \to x = y$

Wenn zwei Elemente dasselbe inverse Element haben, so sind sie gleich.

Zum Beweis gehe man von der Annahme $x' = y'$ aus. Dann ist nach Theorem 5 $(x')' = (y')'$ und nach Theorem 7 $(x')' = x$ und $(y')' = y$. Wir haben also schließlich $x = y$, w.z.b.w.

Korrolar zu Theorem 8: $x = y \leftrightarrow x' = y'$.

Der Beweis sei dem Leser überlassen. Wir wollen nun folgende Frage diskutieren. Gegeben seien zwei beliebige Elemente x und y von G. Durch die Operation * entsteht aus diesen Elementen das Element $x * y$. Ist es möglich, das zu diesem neuen Element inverse Element $(x * y)'$ durch die zu x und y inversen Elemente x' und y' auszudrücken? Die Antwort liefert das folgende Theorem:

Theorem 9: $(x * y)' = x' * y'$.

Nach Theorem 2 gilt $(x * y)' * (x * y) = e$. Wenn wir beweisen können, daß auch $(x' * y') * (x * y) = e$, so können wir die beiden ersten Gleichungsseiten gleichsetzen und den Faktor $(x * y)$ weglassen. Theorem 9 ist dann bewiesen. Wir schreiben also

$(x' * y') * (x * y) = (x' * y') * (y * x) = x' * [y' * (y * x)] = x' * [(y' * y) * x] = x' * [e * x] = x' * x = e$.

8.5. Die Postulate und Theoreme der kommutativen Gruppe

(Der Leser überprüfe jede der Gleichheiten.) Also ist

$$(x * y)' * (x * y) = (x' * y') * (x * y)$$

und Korrolar 1 von Theorem 4 liefert den endgültigen Beweis von

$$(x * y)' = (x' * y').$$

Wir wenden uns nun einem anderen Problem zu: die Lösung einer Gleichung in der kommutativen Gruppe (G, *). Gegeben seien die Elemente a und b, man bestimme die Unbekannte x so, daß a * x = b. Das Modell [I, +] vermag uns bei der Antwort auf diese Frage zu leiten. In diesem Modell fügen wir, um aus der Gleichung x + 3 = 5 die Größe von x zu bestimmen, auf beiden Seiten (−3) hinzu und erhalten x = 5 + (−3) = 2. Ebenso verfahren wir bei −2 + x = 11. Wir addieren auf beiden Seiten die zu (−2) entgegengesetzte Zahl und erhalten x = 11 + 2 = 13. Wie löst man 3 · x = 2 im System [F, ·]? Wir multiplizieren beide Gleichungsseiten mit der zu 3 inversen Zahl $\frac{1}{3}$ und erhalten $x = \frac{1}{3} \cdot 2 = \frac{2}{3}$. Ebenso verfahren wir bei $\frac{4}{5} \cdot x = \frac{1}{2}$. Wir multiplizieren auf beiden Seiten mit der zu $\frac{4}{5}$ inversen Zahl $\frac{5}{4}$ und erhalten $x = \frac{1}{2} \cdot \frac{5}{4} = \frac{5}{8}$.

Deuten wir *entgegengesetzt* und *addieren* (oder *invers* und *multiplizieren*) als „invers" und *, so gelangen wir zur Vermutung, daß die Lösung von a * x = b durch x = a' * b gegeben ist. Diese Vermutung ist richtig. Das vollständige Ergebnis liefert das

Theorem 10: a * x = b ↔ x = a' * b.

Wir beweisen zuerst das Theorem direkt und gehen von der Hypothese a * x = b aus. Nach Theorem 3 gilt a' * (a * x) = a' * b. Es ist aber

$$a' * (a * x) = (a' * a) * x = e * x = x.$$

Diese Gleichheit erhält man auf Grund des Assoziativitätspostulats und der Theoreme 1 und 2. Die Substitution ergibt schließlich x = a' * b.

Zum Beweis der reziproken Aussage beginnen wir mit x = a' * b. Mit Theorem 3 wird daraus a * x = a * (a' * b). Es ist aber a * (a' * b) = (a * a') * b = e * b = b, und zwar nach dem Assoziativitätspostulat, dem Theorem 1 und dem Korrolar zu Theorem 2. Nach Substitution des Ergebnisses erhalten wir diesmal a * x = b.

Das Theorem ist also bewiesen.

Man beachte, daß Theorem 10 nicht nur aussagt „a * x = b hat eine Lösung a' * b". Es sagt auch aus, daß a' * b die einzige Lösung ist. Der erste Teil ergibt sich, wenn man das Theorem von links nach rechts liest. Der zweite Teil ist durch die reziproke Aussage gegeben. Man darf also sagen:

Die Gleichung a * x = b *hat genau eine Lösung, nämlich* x = a' * b.

Korrolar zu Theorem 10: $x * a = b \leftrightarrow x = b * a'$.

Der Beweis des Korrolars ist dem Leser überlassen.

Nach Theorem 10 sind die Aussagen $a * x = b$ und $x = a' * b$ äquivalent. Die erste Gleichung stellt jedoch eine Frage, während die zweite diese Frage beantwortet. Was soll das bedeuten? Haben wir eine Gleichung in x vor uns (in der a und b als Koeffizienten aufgefaßt werden dürfen), so betrachten wir diese Gleichung mit Hilfe von a und b nach x aufgelöst, wenn es eine Gleichung gibt, auf deren einen Seite nur x, und auf deren anderen Seite nur a und b ohne x auftreten. Aber gerade das liefert das Theorem.

Die Bedeutung der Tatsache, daß $a' * b$ die Lösung der Gleichung $a * x = b$ darstellt, liegt darin: Wenn man x in dieser Gleichung durch $a' * b$ ersetzt, so wird daraus ein wahrer Satz.

Das Theorem 10 hat die Lösung der Gleichung $a * x = b$ bezüglich x zum Thema. Ein anderes (etwas spezielleres) Problem, das wir betrachten könnten, ist die Lösung der Gleichung $x * x = e$. Mit anderen Worten, welche Elemente von G sind ihre eigenen Inversen? Wir kennen mindestens eine der Lösungen, nämlich $x = e$. Ist das die einzige Lösung? Im allgemeinen nicht. Der Charakter der Lösungen von $x * x = e$ ist von Modell zu Modell verschieden, aber es gibt viele Modelle, in denen e die einzige Lösung ist. Wir werden das später zeigen. An verschiedenen Modellen soll die Vielfalt der Möglichkeiten veranschaulicht werden. In [I, +] folgt aus der Gleichung $n + n = 0$, daß $n = 0$. Dort ist $e = 0$ also die einzige Lösung. Warten wir noch ein wenig.

Ein noch allgemeineres Problem ist das folgende: Zu einem gegebenen Element b von G suche man die Lösungen von $x * x = b$. Hier hängt die Antwort nicht allein vom Modell sondern auch von b ab. In [I, +] zum Beispiel hat $m + m = 3$ oder $2m = 3$ keine Lösung, wohl aber die Gleichung $m + m = 6$. Diese hat die einzige Lösung $m = 3$. Welche Bedingungen muß b erfüllen, damit die Gleichung $m + m = b$ in I eine Lösung hat? Ist diese Lösung eindeutig? Ebenso hat in [F, ·] die Gleichung $u \cdot u = 4/9$ die Lösung $u = 2/3$, aber die Gleichung $u \cdot u = 4/5$ hat keine Lösung. Es gibt also noch viele Probleme, die zu untersuchen sind.

8.6. Erweiterung der Theorie. Binäre Operationen. Die Operation „Kreis"

Wir wollen vorerst in unser abstraktes System durch Definition eine neue binäre Operation einführen. Diese neue Operation ist eine Verallgemeinerung der Subtraktion in [I, +] und der Division in [F, ·].

Bisher haben wir uns nur mit der Addition in [I, +] beschäftigt. Aber unsere Kenntnisse aus der elementaren Algebra lehren uns, daß man eine Zahl n von einer Zahl m subtrahieren kann, d.h. zu zwei gegebenen Zahlen m und n aus L existiert genau eine Zahl k, für die $k = m - n$. Zum Beispiel $5 - 3 = 2$, $5 - (-2) = 7$, $(-3) - (+11) = -14$, ... Die *Subtraktion* in I kann auf die *Addition* zurückgeführt werden. $m - n$ ist die Summe von m und $-n$. Das Symbol $-n$ bedeutet dabei die zu n *entgegengesetzte Zahl*, ein Begriff, der bereits in [I, +] aufgetreten ist.

8.6. Erweiterung der Theorie

Auf ähnliche Weise führt man in [F, ·] die Division ein, nämlich mit Hilfe der *Multiplikation* und dem Begriff der *inversen Zahl*. Man weiß, daß man die Division eines Bruches durch einen zweiten Bruch als Multiplikation mit einem Bruch auffassen kann, der zum Quotienten invers ist:

$$\frac{2}{3} : \frac{5}{7} = \frac{2}{3} \cdot \frac{7}{5}; \qquad 4 : \frac{3}{5} = \frac{4}{1} \cdot \frac{5}{3};$$

$$\frac{1}{2} : \frac{3}{2} = \frac{1}{2} \cdot \frac{2}{3}; \qquad \frac{7}{3} : 2 = \frac{7}{3} \cdot \frac{1}{2}.$$

Wir kleiden diese Tatsachen in formale Aussagen. u und v seien zwei beliebige Elemente von F. Für die zu v inverse Zahl schreibt man $\frac{1}{v}$, und es gilt daher

$$u : v = u \cdot \frac{1}{v}.$$

Aus dieser kurzen Diskussion ersieht man, welcher Art die neue Operation in der kommutativen Gruppe ist, die wir mit Hilfe der Ausdrücke * und *invers* definieren wollen.

Definition 3: Zur Definition der *Operation „Kreis"* setzen wir z = x ○ y dann und nur dann, wenn z = x * y'.

Man beachte, daß diese Definition dem Kriterium für Definitionen genügt.

Aus dem Abschlußpostulat und der Eindeutigkeit des Inversen eines Elementes von G folgt leicht das folgende Theorem:

Theorem 11: $\forall_x \forall_y \exists_z [z = x \circ y]$

Das Theorem sagt aus, daß die Operation ○ wirklich eine binäre Operation in G ist, d.h. daß x ○ y ein eindeutig bestimmtes Element von G ist. Außerdem besagt es, daß G bezüglich der Operation ○ abgeschlossen ist, d.h. daß diese Operation angewandt auf zwei beliebige Elemente von G stets wieder ein Element von G liefert. Das Theorem 11 ist also für ○ dasselbe, was Postulat 1 für * ist.

Korrolar zu Theorem 11: x ○ x = e.

Das ist unmittelbar ersichtlich, da x ○ x = x * x' = e.

In dem speziellen System [I, +] ist die Operation ○ die Subtraktion. Die Gleichung x ○ x = e lautet dort m − m = 0. In dem speziellen System [F, ·] ist ○ die Division. x ○ x = e heißt dort u : u = 1.

Bevor wir weiter gehen, geben wir einige Eigenschaften der Operation ○ an. Wir fragen zuerst: Sind die zu den Postulaten 2 und 3 analogen Theoreme ebenfalls wahr?

Mit anderen Worten, ist die Operation o assoziativ und kommutativ? Wenn die Operation assoziativ ist, so muß gelten (x o y) o z = x o (y o z). Übersetzen wir das in das System [I, +] und nehmen wir für x, y, z die Zahlen 5, 3, 1, so sieht man sofort, daß dies falsch ist, denn das Ergebnis ist

$$(5-3)-1 \neq 5-(3-1).$$

Die Operation o ist also nicht assoziativ in G. Ebenso müßte, wenn o kommutativ ist, gelten x o y = y o x. Betrachten wir nochmals dieselbe Relation in [I, +], diesmal mit x = 3 und y = 5. Das Ergebnis ist

$$3-5 \neq 5-3.$$

Die Operation o ist nicht kommutativ. Man stelle fest, ob es sich mit der Division in F, ebenso verhält.

Die obige Diskussion zeigt einen interessanten Gebrauch eines Modelles des abstrakten Systems. Man muß jedoch darauf achten, daß man nicht an Hand von Argumenten am Modell Folgerungen für das abstrakte System ableitet.

Die Tatsache, daß die Operation o nicht kommutativ ist, bedingt besondere Aufmerksamkeit bei der Anordnung der Elemente in o. Das folgende Theorem beschreibt das Verhalten des neutralen Elementes bezüglich o. Man beachte, daß dieses Theorem auch die Nicht-Kommutativität von o zeigt.

Theorem 12: $x \circ e = x$ und $e \circ x = x'$.

Wir beweisen zuerst den ersten Teil. Nach Definition ist $x \circ e = x * e'$. Aber $e' = e$ nach Theorem 6. Also ist $x \circ e = x * e$. Aus dem Korrolar zu Theorem 1 folgt $x * e = x$, als $x \circ e = x$, w.z.b.w. Für den Beweis des zweiten Teiles schreiben wir einfach $e \circ x = e * x'$ und wenden darauf Theorem 1 an.

Wir geben nun ein Theorem an, das analog zum Korrolar von Theorem 3 ist.

Theorem 13: $x = y \rightarrow x \circ a = y \circ a$.

Wenn $x = y$, so gilt nach Theorem 3

$$x * a' = y * a'.$$

Das aber ist gerade die Folgerung des Theorems.

Theorem 3 und sein Korrolar sind durch die Kommutativität von * auf einfache Weise verbunden. Das gilt jedoch nicht für die analogen Aussagen bezüglich o.

Das folgende Korrolar bedarf daher eines eigenen Beweises.

Korrolar zu Theorem 13: $x = y \rightarrow a \circ x = a \circ y$.

Wir überlassen den Beweis dem Leser.

8.7. Verschiedene Modelle der kommutativen Gruppe

Es ist auch möglich, für o eine „Kürzungsregel" abzuleiten, wie sie durch Theorem 4 und sein erstes Korrolar geboten wird. Wir überlassen auch diese Aufgabe dem Leser als Übung.

Das folgende Theorem ist weniger natürlich:

Theorem 14: $x \circ y' = x * y$.

Das letzte Theorem schließlich gibt an, wie man das zu $x \circ y$ inverse Element findet.

Theorem 15: $(x \circ y)' = y \circ x$.

Der Beweis ist leicht. Nach Definition gilt $x \circ y = x * y'$. Nach Theorem 5 haben wir $(x \circ y)' = (x * y')'$. Wir berechnen das zweite Glied schrittweise: $(x * y')' = x' * (y')' = x' * y = y * x' = y \circ x$, w.z.b.w.

8.7. Verschiedene Modelle der kommutativen Gruppe. Symmetrische Differenz und direkte Summe

Im folgenden sollen nun mehrere Modelle der kommutativen Gruppe als Beispiele beschrieben werden. Einige davon werden dem Leser vollkommen neu sein. Wir hoffen aber dadurch den großen Wirkungsbereich der untersuchten Gruppe aufzuweisen.

Der Lernende sollte nochmals die frühere Diskussion über Modelle nachlesen. Eine genaue Kenntnis davon ist für unser Vorhaben äußerst wichtig. Das fundamentale Prinzip lautet:

Jedes Theorem eines abstrakten Systems wird in jedem Modell des abstrakten Systems zu einem wahren Satz.

Dieses Prinzip ist eine direkte Folge der Natur des Beweises in den mathematischen Systemen. Der Leser wird dies nach der nun folgenden Studie erkennen. Hat man einmal gezeigt, daß ein bestimmtes konkretes System ein Modell darstellt, so darf man alle Theoreme des abstrakten Systems ohne neuerliche Beweise verwenden. Die entsprechenden Aussagen im Modell sind entweder wohlbekannte Tatsachen oder sie sprechen bisher noch unbekannten Eigenschaften des Modells aus.

Wir numerieren unsere Modelle nun mit Hilfe von römischen Ziffern.

Modell I: *Die rationalen, von Null verschiedenen Zahlen und die Multiplikation.*

R_0 sei die Menge der von Null verschiedenen rationalen Zahlen. Wir interpretieren das allgemeine System $[G, *]$ durch $[R_0, \cdot]$. p und q seien zwei Variable mit dem Bereich R_0.

Dem Abschlußpostulat, ebenso wie dem Postulat der Assoziativität und der Kommutativität, entsprechen hier wohlbekannte Eigenschaften der rationalen Zahlen. Das neutrale Element ist 1. Das Postulat des inversen Elementes gilt ebenso: Zu jeder Zahl p gehört die inverse Zahl 1/p.

Theorem 1 und sein Korrolar werden zu

$$1 \cdot p = p \cdot 1 = p$$

Theorem 9 ergibt

$$\frac{1}{p \cdot q} = \frac{1}{p} \cdot \frac{1}{q}$$

und Theorem 10 liefert

$$p \cdot x = q \to x = \frac{1}{p} \cdot q$$

Zum Beispiel, $2x = -\frac{1}{3} \to x = \frac{1}{2}\left(-\frac{1}{3}\right) = -\frac{1}{6}$.

Die Operation „Kreis" wird zur Division:
$p \circ q$ bedeutet $p : q = p \cdot \frac{1}{q}$, wofür man $\frac{p}{q}$ oder $p : q$ schreibt.

Theorem 15 wird zu

$$\frac{1}{p:q} = q : p \quad \text{oder} \quad \frac{1}{\frac{p}{q}} = \frac{q}{p}.$$

Die Gleichung $x * x = e$ geht über in $x \cdot x = 1$. Diese Gleichung hat genau zwei Lösungen: 1 und -1. Die Gleichung $x * x = p$ wird zu $x \cdot x = p$. Wenn p negativ ist, so existiert keine Lösung in R_0. Wenn p das Quadrat eines Bruches ist $p = q^2$, so gibt es zwei Lösungen, $x = q$ und $x = -q$. Wenn p kein solches Quadrat ist, so gibt es keine Lösung.

Modell II: *Eine endliche kommutative Gruppe.*

Unser folgendes Beispiel behandelt eine endliche kommutative Gruppe, d. h. anstelle einer unendlichen Menge wie bisher wird für G eine endliche Menge genommen. * definieren wir hier auf eine andere Art. Wir nehmen für G die Menge der vier Elemente A, B, C und D. (Wir bezeichnen diese Menge und die entsprechende Operation der Bequemlichkeit halber weiterhin mit G und *). Anstatt ein Verfahren anzugeben (analog zur Addition oder zur Multiplikation), das zu gegebenen x und y das Element x * y liefert, stellen wir hier die Operation * mit Hilfe einer Tabelle dar.

8.7. Verschiedene Modelle der kommutativen Gruppe

D	D	A	B	C
C	C	D	A	B
B	B	C	D	A
A	A	B	C	D
*	A	B	C	D

Um das Element B * C zu finden, suche man den Schnitt der unten mit B bezeichneten Spalte mit der links mit C bezeichneten Zeile. B * C ist also gleich D. Im allgemeinen findet man x * y, wenn man die Spalte „x" mit der Zeile „y" schneidet. Obwohl diese Methode der Darstellung von * etwas fremdartig erscheinen mag, wird man sich doch bald davon überzeugen, daß sie bequem ist. Jedem Paar x, y von Elementen aus G entspricht eindeutig ein Element x * y von G.

Diese Tabelle hat eine gewisse Ähnlichkeit mit dem Schaubild des Cartesischen Produktes G × G. Wir haben ganz einfach in jedem Gitterpunkt das Element x * y angeschrieben, das dem Paar (x, y) dieses Produktes entspricht.

Überzeugen wir uns nun davon, daß in diesem System die Postulate der kommutativen Gruppe gelten. Offensichtlich gilt das Abschlußpostulat. Um die Kommutativität nachzuweisen, könnte man sich an Hand der 16 Paare von Elementen x, y überzeugen, daß gilt x * y = y * x. Aber überlegen wir doch: Die Kommutativität verlangt, daß die Tafel bezüglich der Diagonalen ACAC symmetrisch ist. Das ist tatsächlich der Fall.

Zum Nachweis des Postulats der Assoziativität x * (y * z) = (x * y) * z hat man 64 Tripel (4^3) x, y, z zu untersuchen. Dafür gibt es keinen einfachen geometrischen Beweis. Man kann sich jedoch davon überzeugen, daß dieser Nachweis sorgfältig erbracht wurde. Zum Beispiel ist

B * (D * C) = A * B = C
und (B * D) * C = A * C = C

Das neutrale Element ist A (man findet es, indem man die mit A bezeichnete Spalte betrachtet und beobachtet, daß es nur eine solche Spalte gibt). Das Postulat des inversen Elementes ist daher auch gültig. Die inversen Elemente sind durch die folgende Tabelle gegeben:

x	A	B	C	D
x'	A	D	C	B

Tatsächlich gilt A' = A, B' = D, C' = C, D' = B. Man sieht das etwa so ein: Nehmen wir zum Beispiel B' = D. Da A das neutrale Element ist, bestimmen wir y so, daß y * B = A. Wir finden y = D. Man beobachtet außerdem, daß die Zeile B nur einmal A enthält. Das zeigt die Eindeutigkeit von B'.

Wir geben noch einige Beispiele für Theoreme. Theorem 7 angewandt auf x = B liefert (B')' = B. Tatsächlich gilt

B' = D * (B')' = D' = B w.z.b.w.

Prüfen wir nun Theorem 10 mit a = B, b = C. Das Theorem behauptet B * x = C → x = B' * C. Wir haben x = B' * C = D * C = B. Daraus müssen wir schließen B * B = C, was auf Grund der Tabelle stimmt.

Betrachten wir die Gleichung x * x = A (die x * x = e entspricht). Suchen wir A in der von links unten nach rechts oben verlaufenden Diagonale. Wir finden zwei Lösungen: A und C. Man kann auch die allgemeinere Gleichung x * x = y betrachten. Nehmen wir die vier Fälle x * x = A, x * x = B, x * x = C und x * x = D. Die vier Elemente A * A, B * B, C * C und D * D haben die Werte A, C, A, C. Also haben nur die erste und die dritte Gleichung eine Lösung: Die erste hat die Lösungen A und C, die dritte die Lösungen B und D.

Auch für die Operation ∘ läßt sich eine Tabelle angeben, die man mit Hilfe der Tabellen für * und für die inversen Elemente findet. Wir erinnern uns, daß x ∘ y = x * y'. Zum Beispiel gilt B ∘ C = B * C' = B * C = D. Das gibt

D	B	C	D	A
C	C	D	A	B
B	D	A	B	C
A	A	B	C	D
∘	A	B	C	D

Wir überprüfen die Tafel mit Hilfe von e ∘ x = x', also A ∘ x = x' (Theorem 12). Diese Gleichung besagt, daß man von der Spalte A aufsteigend der Reihe nach die zu A, B, C und D inversen Elemente finden muß, was mit unserer Anordnung und der Tabelle für die inversen Elemente übereinstimmt.

Der Leser mag sich vielleicht gegen eine derartige künstliche Definition des Modells II sträuben. Wen es interessiert und wer wissen möchte, woher die Tabelle * stammt, lese den Absatz weiter. Interpretieren wir die vier Buchstaben als ganze Zahlen 0, 1, 2, 3. Wir bestimmen B * C, indem wir für die Buchstaben ganze Zahlen und für * die Addition nehmen. B * C geht damit in 1 + 2 über. Da 1 + 2 = 3 und da D gleich 3 ist, definieren wir B * C als D. Diese Methode ist aber nicht auf alle Paare von Buchstaben anwendbar, da die zu bildenden Summen 4 und mehr erreichen können. Wir dividieren daher diese Summen durch 4 und verwenden den Rest. Somit liefert D * D die Gleichung 3 + 3 = 6 und den Rest 2. Also muß D * D = C gelten. Auf diese Weise kann man leicht die Tabelle vervollständigen. Die eben angeführte Beschreibung erinnert uns an die Menge der nicht negativen ganzen Zahlen modulo 4.

8.7. Verschiedene Modelle der kommutativen Gruppe

Wir können dem endlichen Modell mit 4 Elementen eine interessante geometrische Deutung geben. Betrachten wir das Quadrat der nebenstehenden Figur mit dem Zentrum Q und den Ecken a, b, c und d, die gegen den Uhrzeigersinn angeordnet sind. Wir wollen die Rotationen beschreiben, die das Quadrat in sich selbst überführen. Betrachten wir eine Rotation um Q um 90° im trigonometrischen Sinn. Sie führt a, b, c, d in b, c, d, a über. Die Rotation um 180° im selben Sinn führt a, b, c, d in c, d, a, b über. Die Ergebnisse lassen sich so fassen:

R (Q,   0°)   abcd → abcd
R (Q, 90°)   abcd → bcda
R (Q, 180°)   abcd → cdab
R (Q, 270°)   abcd → dabc

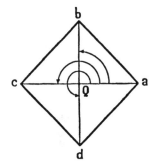

Jede andere Rotation im trigonometrischen Sinn um k 90° führt zu einer der Anordnungen von a, b, c, d. Auch die Rotationen im Uhrzeigersinn um k 90° lassen sich auf ähnliche Weise beschreiben.

Wir wollen die betrachteten Rotationen mit der kommutativen Gruppe von vier Elementen in Verbindung bringen. Es genügt, wenn wir die Elemente A, B, C, D von G als die Rotationen 2 k π, 90° + 2 k π, 180° + 2 k π, 270° + 2 k π interpretieren, wobei k eine ganze Zahl ist, die positiv, negativ oder Null sein kann. Wenn x und y zwei solche Rotationen sind, so ist x * y eine weitere Rotation, die das Quadrat in sich selbst überführt.

Das Verfahren, durch Rotationen eine geometrische Figur in sich überzuführen, läßt sich ebenso auf ein gleichseitiges Dreieck, ein reguläres Fünfeck usw. anwenden. Jede der Figuren kann mit einer kommutativen Gruppe von drei Elementen, fünf Elementen usw. in Verbindung gebracht werden. Aus diesem Grund spricht man in der Mathematik von der Rotationsgruppe eines gleichseitigen Dreiecks usw. Diese Gruppen stehen in engem Zusammenhang mit den Gruppen der ganzen Zahlen modulo 3 usw.

Modell III: *Die Mengen und ihre symmetrische Differenz*.

Im nächsten Beispiel einer kommutativen Gruppe ist G die Menge aller Untermengen einer Universalmenge U. Ein Element von G ist eine Menge, eine Untermenge der Universalmenge U selbst. In dieser Untersuchung verwenden wir die Variablen X, Y, ... und W, um Untermengen von U, d.h. Elemente von G zu bezeichnen.

Was werden wir hier wohl als binäre Operation wählen? Es scheint natürlich, die Durchschnitts- und Vereinigungsbildung zu verwenden. Für diese Operationen sind wohl die ersten vier Postulate gültig, aber das Postulat des inversen Elementes gilt nicht. Daher verwenden wir hier eine Kombination von Durchschnitt und Vereinigung, welche alle gewünschten Eigenschaften hat. Wir definieren das Element X * Y durch $(X \cap \overline{Y}) \cup (\overline{X} \cap Y)$. Dieser Ausdruck heißt *symmetrische Differenz* von X und Y. Es handelt sich um die Vereinigung zweier Mengen: den Teil von X, der außerhalb von Y, und den Teil von Y, der außerhalb X liegt. Die Diagramme in Bild 78 zeigen das Ergebnis dieser Operation in jedem der drei folgenden Fälle: 1. X und Y bedecken sich teilweise; 2. X und Y sind disjunkt; 3. X enthält Y. In jedem Fall wird X * Y durch den schraffierten Bereich dargestellt.

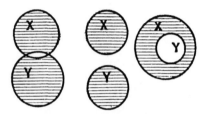

Bild 78

Es ist leicht zu zeigen, daß man den zur Definition von X * Y verwendeten Ausdruck in der Form $X * Y = (X \cup Y) \cap \overline{(X \cap Y)}$ schreiben kann. Das heißt X * Y ist der Durchschnitt der beiden folgenden Mengen: die Vereinigung von X und Y und das Komplement des Durchschnittes von X und Y. An Hand der obigen Diagramme sieht man diese Tatsache leicht ein[1]).

Untersuchen wir nun genau, wie sich die Klasse G der Untermengen unter der symmetrischen Differenz bezüglich der Gruppenpostulate verhält. Das Abschlußpostulat ist sicher erfüllt. Um zu zeigen, daß auch die Kommutativität erfüllt ist, vertauschen wir vorerst X und Y in der Operation

$$Y * X = (Y \cap \overline{X}) \cup (\overline{Y} \cap X).$$

Wir kennen jedoch die Kommutativität der Durchschnitts- und Vereinigungsbildung. Daher dürfen wir schreiben

$$(Y \cap \overline{X}) \cup (\overline{Y} \cap X) = (\overline{Y} \cap X) \cup (Y \cap \overline{X}) = (X \cap \overline{Y}) \cup (\overline{X} \cap Y)$$

Der letzte Ausdruck ist aber gemäß Definition X * Y, also gilt

$$Y * X = X * Y \quad \text{w.z.b.w.}$$

---

[1]) Man beachte, daß wir unsere alte Bezeichnung für das Komplement der Menge E benützen. Dieses ist zuerst durch $\overline{E}$, dann durch E' bezeichnet worden. Jetzt schreiben wir wieder $\overline{E}$.

8.7. Verschiedene Modelle der kommutativen Gruppe

Der Nachweis der Assoziativität ist viel komplizierter. Wir gehen dabei nicht auf alle Einzelheiten ein. Wir illustrieren diese Eigenschaft einfach an einem Diagramm. Betrachten wir die Mengen X, Y und W (Bild 79). Jeder der Buchstaben repräsentiere die Menge der Punkte im Inneren des durch den entsprechenden Buchstaben gekennzeichneten Kreises. Wir berechnen zuerst X * (Y * W), dann (X * Y) * W, und zeigen schließlich, daß die Ergebnisse gleich sind. Damit ist die Plausibilität der Assoziativität gezeigt.

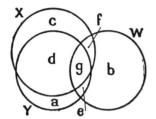

Bild 79

Die drei Mengen X, Y und W unterteilen wir in die 7 Untermengen, die wir in Bild 79 mit a, b, c, d, e, f, g bezeichnet haben. Um von Diagramm 79 zu Bild 80 überzugehen, lassen wir vorerst X unberücksichtigt und schraffieren Y * W. Dazu beachten wir, daß der Teil von Y, der nicht in W liegt, aus a und d gebildet wird, während der Teil von W, der nicht in Y liegt, aus b und f besteht. Auf Grund dieser Bemerkung ist Y * W die Vereinigung von a, b, d und f. Um nun X * (Y * W) zu bilden, finden wir aus Bild 81 den Teil von Y * W, der nicht in X liegt, und den Teil von X der nicht in Y * W liegt. Es handelt sich um die Vereinigung von a, b, c und g. Diese ist in Bild 81 schraffiert. Um (X * Y) * W zu bilden, schraffieren wir zuerst X * Y (Bild 82), dann (X * Y) * W (Bild 83). Man erkennt die Identität der Figuren in den Bildern 81 und 83, wodurch (X * Y) * W = X * (Y * W) gezeigt ist. Das Postulat der Assoziativität ist an Hand unseres Beispieles verifiziert worden.

Die Menge X * (Y * W) = (X * Y) * W ist die Vereinigung von vier Mengen: Jener Teil der einzelnen Mengen, der nicht in den übrigen liegt, und der Durchschnitt der drei gegebenen Mengen. Man kann zeigen, daß diese Beschreibung für je drei Mengen gilt, unabhängig von ihren gegenseitigen Beziehungen.

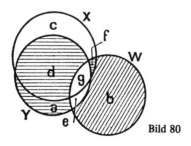

Bild 80

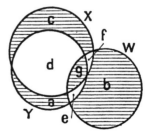

Bild 81

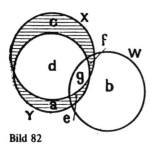
Bild 82

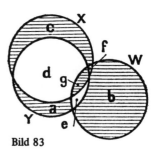
Bild 83

Das neutrale Element ist die leere Menge. Man sieht leicht ein, daß

$$\phi * X = (\phi \cap \overline{X}) \cup (U \cap X) = \phi \cup (U \cap X) = \phi \cup X = X.$$

Ein vollständiger Beweis müßte auch die Eindeutigkeit zeigen, d.h. daß $A = \phi$ die einzige Menge mit der Eigenschaft $A * X = X$ für jede Menge X ist. Wir überlassen diesen Nachweis dem Leser als Übung. Um das Postulat des inversen Elementes nachzuweisen, bemerken wir, daß gilt

$$X * X = (X \cap \overline{X}) \cup (\overline{X} \cap X) = \phi \cap \phi = \phi.$$

Das zu einem Element x inverse Element x' ist also x selbst. Die Frage der Eindeutigkeit sei wieder dem Leser als Übung überlassen.

In diesem Modell ist die Gleichung

$$X * X = \phi$$

interessant, die analog zu $x * x = e$ ist. Hier haben wir ein Beispiel, in dem im Gegensatz zu anderen Fällen jedes Element eine Lösung der Gleichung ist. Ein Korrolar zu diesem Ergebnis ist, daß die Gleichung $X * X = B$ nur für

$$B = \phi$$

eine Lösung hat.

Wegen der Tatsache, daß jede Menge zu sich selbst invers ist, werden mehrere Theoreme der kommutativen Gruppe in diesem Modell trivial. Die Theoreme 15 und 8 reduzieren sich zum Beispiel auf $X = Y \to X = Y$. Das Theorem 9 wird zu $X * Y = X * Y$. Im Gegensatz dazu führt Theorem 10 zum folgenden Resultat

$$A * X = B \leftrightarrow X = A' * B = A * B.$$

Die Lösung X von $A * X = B$ ist also $X = A * B$. Zum Beweis ersetze man X im ersten Glied durch $A * B$:

$$A * (A * B) = (A * A) * B = \phi * B = B.$$

8.7. Verschiedene Modelle der kommutativen Gruppe

Die Operation ∘ ist in diesem Modell mit der Operation * identisch. Tatsächlich hat man

$$X \circ Y = X * \overline{Y} = X * Y$$

Modell IV. *Direkte Summe.*

Unser viertes und letztes Modell bauen wir schließlich von unserem altvertrauten System [I, +] ausgehend auf, also aus den ganzen Zahlen und der Addition. Die Menge G sei das Cartesische Produkt I × I, das aus allen Paaren (m, n) besteht. Wir verwenden x, y, z als Variable mit dem Bereich I. Zwei Elemente

$$x_1 = (m_1, n_1) \text{ und } x_2 = (m_2, n_2)$$

heißen dann und nur dann gleich, wenn $m_2 = m_1$ und $n_2 = n_1$. Wir definieren die Operation * durch $x_1 * x_2 =$ das Element $(m_1 + m_2, n_1 + n_2)$ von I × I.

Das Abschlußpostulat ist offensichtlich erfüllt. Die Postulate der Assoziativität und der Kommutativität sind unmittelbare Folgerungen aus der Assoziativität und der Kommutativität von + im I. Zum Beispiel gilt

$$(x_1 * x_2) = (m_1 + m_2, n_1 + n_2) = (m_2 + m_1, n_2 + n_1) = (x_2 * x_1) \text{ w.z.b.w.}$$

Das neutrale Element ist (0,0). Zum Beispiel gilt

$$(2, -3) * (0,0) = (2 + 0, -3 + 0) = (2, -3).$$

Das inverse Element x' von x ist $(-m, -n)$. Wenn zum Beispiel $x = (2, -3)$, so ist $x' = (-2, 3)$ und

$$x' * x = (-2, 3) * (2, -3) = (-2 + 2, 3 - 3) = (0, 0) \text{ w.z.b.w.}$$

Verifizieren wir nun Theorem 7. Wenn $x = (m, n)$, so ist

$$x' = (-m, -n) \text{ und daher } (x')' = -(-m, -(-n)) = (m, n), \text{ w.z.b.w.}$$

Interpretieren wir noch die Operation ∘. Mit $x_1 = (m_1, n_1)$ und $x_2 = (m_2, n_2)$ gilt nach Definition

$$x_1 \circ x_2 = x_1 * x_2' = (m_1, n_1) * (-m_2, -n_2) = (m_1 - m_2, n_1 - n_2)$$

Die Operation besteht also in der Bildung der Differenzen entsprechender Koordinaten. Betrachten wir Theorem 15 indem wir für x und y die Elemente x_1 und x_2 einsetzen. Wir berechnen beide Gleichungsseiten und zeigen, daß das Ergebnis dasselbe ist. Man sieht aber gerade, daß

$$x_1 \circ x_2 = (m_1 - m_2, n_1 - n_2).$$

Also ist

$$(x_1 \circ x_2)' = -(m_1 - m_2), -(n_1 - n_2) = (m_2 - m_1, n_2 - n_1)$$

Da $x_2 \circ x_1 = (m_2, n_2) \circ (m_1, n_1) = (m_2 - m_1, n_2 - n_1)$ dasselbe Element ergibt, ist das Theorem verifiziert.

Das Verfahren der Konstruktion des obigen Modells ausgehend von [I, +] läßt sich auf beliebige kommutative Gruppen [G, *] verallgemeinern.

Nehmen wir als Grundmenge G × G, also die Menge der geordneten Paare (x, y) aus G. Wir führen eine binäre Operation * auf die folgende Art ein: $(x_1, y_1) * (x_2, y_2) = (x_1 * x_2, y_1 * y_2)$. Die Menge G × G ist bezüglich * abgeschlossen.

Die Postulate der Assoziativität und der Kommutativität kann man leicht verifizieren. Das neutrale Element ist (e, e), wenn e das neutrale Element von G, ist. Das zu (x, y) inverse Element ist (x', y'), wenn x' und y' die zu x und y inversen Elemente in [G, *] sind. Die kommutative Gruppe [G × G, *] heißt *direkte Summe* der beiden kommutativen Gruppen [G, *] und [G, *].

Auf analoge Weise konstruiert man die direkte Summe der beiden verschiedenen Gruppen $[G_1, *]$ und $[G_2, *]$.

8.8. Übungen

1. Man betrachte die Menge aller negativen ganzen Zahlen. Ist diese Menge abgeschlossen bezüglich:

   a) Addition; b) Subtraktion; c) Multiplikation; d) Division?

2. R sei die Menge aller nicht negativen rationalen Zahlen. Ist diese Menge abgeschlossen bezüglich:

   a) Addition; b) Subtraktion; c) Multiplikation; d) Division?

3. R_0 sei die Menge aller von Null verschiedenen rationalen Zahlen. Ist die Operation „Division" assoziativ in R_0? Man beweise die Antwort.

4. Welche der Postulate 1, 2, 3 sind von den folgenden Systemen erfüllt:

   a) [K, *], wobei K = {a} und a * a = a;
   b) [K, *], wobei K = {a, b} und {a * b = a, b * a = b, a * a = b, b * b = a};
   c) [I, *], wobei $\underset{a\ b}{\forall \forall} [a * b = a + b + 2]$.

5. Man weise nach, daß G, mit den Postulaten 1 und 3 und der schwächeren Formulierung von Postulat 4: $\underset{y\ x}{\exists \forall} [y * x = x]$ auch Postulat 4 selbst erfüllt: $\underset{y}{\exists} \Big| \underset{x}{\forall} [y * x = x]$.

8.8. Übungen

6. Man zeige, daß [G, *] mit den Postulaten 1 und 2 und der schwachen Version von Postulat 4 wie in der vorigen Übungsaufgabe das Postulat 4 im allgemeinen nicht erfüllt. Der Nachweis wird leicht an Hand des speziellen Systems [G, *] erbracht, wobei G die Menge der drei Elemente 1, 2, 3 ist und wobei * durch die folgende Tafel definiert ist:

3	3	3	3
2	2	2	2
1	1	1	1
*	1	2	3

7. Welche der Postulate 1, 2, 3 benötigt man in den Übungen 2 und 8 nicht zum Beweis, daß das neutrale Element nicht eindeutig bestimmt ist?

8. Man vervollständige die folgenden Aussagen:

a) $\forall_x \forall_y [x * (y * x) * (x' * x') = \ldots]$;

b) $\forall_x \forall_y [(x * y) * (x' * y') = \ldots]$;

c) $\forall_x [x * x = x \leftrightarrow x = \ldots]$;

d) $\forall_x [x * x = e \leftrightarrow x = \ldots]$.

9. Man beweise die Korrolare zu den Theoremen 2, 3, 8 und 10 und die Korrolare 1 und 3 zu Theorem 4.

10. Gegeben sei das System [K, *], wobei die Menge K aus genau drei verschiedenen Elementen r, s, t besteht und die Operation * durch die folgende Tafel definiert ist:

t	s	t	r
s	r	s	t
r	t	r	s
*	r	s	t

Man beweise:

a) Das System ist eine kommutative Gruppe.
b) Die Theoreme 7, 8, 9, 10 gelten in diesem Modell.

11. a, b, c und x seien Elemente einer kommutativen Gruppe [G, *]. Man löse jede der folgenden Gleichungen nach x auf:

a) $(x * a) * b = c$; b) $a * (x * b) = c$;
c) $x * x = x * a$; d) $a * x = x * (b * c)$.

12. x, y, z seien Variable mit dem Bereich R, der Menge aller Dezimalbrüche. Δ sei eine in R definierte Operation

$$x \Delta y = \frac{x + y}{z}$$

Alle anderen Symbole haben ihre übliche Bedeutung.
   a) Ist das System $[R, \Delta]$ abgeschlossen?
   b) Ist die Operation Δ assoziativ?
   c) Ist die Operation Δ kommutativ?
   d) Ist die Gleichung $x (y \Delta z) = xy \Delta xz$ von allen Tripeln (x, y, z) aus R erfüllt?
   e) Hat das System $[R, \Delta]$ ein eindeutig bestimmtes neutrales Element?
   f) Hat jedes Element ein inverses Element in $[R, \Delta]$?
   g) Welches Element ist invers zu 3? zu -5? zu $1/2$? zu $-2/3$?

13. Man beweise das Korrolar zu Theorem 13.

14. Das Theorem IV und sein Korrolar liefern eine Kürzungsregel für die Operation $*$. Man beweise die analogen Theoreme für die Operation o.

15. Man beweise Theorem 14.

16. Man betrachte das System $[G, o]$, wobei $[G, *]$ eine kommutative Gruppe ist. Für die Elemente a, b, c, d, aus G, leite man die folgenden Ergebnisse ab:
   a) $a \, o \, b = (b' * a')'$;
   b) $(a * b) \, o \, (c * d) = (a \, o \, c) * (b \, o \, d)$;
   c) $(a * b) \, o \, (c * b) = a \, o \, c$;
   d) $(a \, o \, b) * (a \, o \, b)' = e$;
   e) $(a \, o \, b = c \, o \, d) \leftrightarrow (a * d = b * c)$;
   f) $(a \, o \, b) * (c \, o \, d) = (a * c) \, o \, (b * d)$;
   g) $(a \, o \, b) * (b \, o \, a) = e$;
   h) $(a \, o \, b) \, o \, (c \, o \, d) = (a * d) \, o \, (b * c)$.

17. Nach Theorem 12 gilt $x' = e \, o \, x$. Nach Definition und nach den Theoremen 7 und 12 gilt $(x * y) = x * y' = x \, o \, y = x \, o \, (e \, o \, y)$. So läßt sich jeder Ausdruck in „'" oder „$*$" durch einen neuen Ausdruck ersetzen, der nur die Operation o enthält. Man benutze die gegebenen Resultate und schreibe die folgenden Ausdrücke nur mit Hilfe von o:
   a) $x * y'$;
   b) $x * (y * z)$;
   c) $(x * y) * z$;
   d) $e * e = e$;
   e) $x \, o \, y' = x * y$;
   f) $(x * y)' = x' * y'$;
   g) $e * x = x$;
   h) $x * y = y * x$.

18. Man zeige an einem Modell, daß die Vermutung nicht richtig ist, daß jede kommutative Gruppe bezüglich der Operation o ein neutrales Element besitzt, d.h. man finde ein Modell, in dem $\exists_{y} \forall_{x} [y \, o \, x = x \land x \, o \, y = x]$ nicht gilt.

19. Man betrachte das System $[R, \cdot]$ der von Null verschiedenen rationalen Zahlen als Modell einer abstrakten Gruppe.

   a) Man formuliere für dieses System die Theoreme 1 bis 5 in Worten und gebe numerische Beispiele für ihre Richtigkeit.
   b) Dasselbe führe man für die Theoreme 6 bis 10 und ihre Korrolare durch.
   c) Dasselbe führe man für die Theoreme 11 bis 15 und deren Korrolare durch.

20. R sei die Menge der rationalen Zahlen. Man betrachte das System $(R, +)$, d.h. R mit der üblichen Addition.
   a) Man zeige, daß $(R, +)$ eine kommutative Gruppe bildet.
   b) Welches Element ist das neutrale Element?
   c) Welche Elemente sind zu gegebenen Elementen invers?

8.8. Übungen

d) Wie heißt die Operation o in diesem System?
e) Man übersetze die Theoreme 1 bis 5 und ihre Korrolare in dieses System.
f) Dasselbe führe man für die Theoreme 6 bis 10 und deren Korrolare durch.
g) Dasselbe führe man für die Theoreme 1 bis 15 und deren Korrolare durch.

21. An Hand des Modelles I und mit Hilfe der Tabellen für * und o verifiziere man die Theoreme 7, 9, 10 und 15.

22. Man zeige mit Hilfe von Modell II, welche der folgenden Behauptungen falsch sind (einige sind richtig, einige falsch):

a) $\forall_x [x * x = e]$;

b) $\forall_x [x * (x * x) = e]$;

c) $\forall_x \forall_y [x \circ y = e \to x = y]$;

d) $\forall_x [x = x' \to x = e]$;

e) $\forall_x \forall_y \forall_z [x * (y * z) = z * (y * z)]$.

Welche Aussagen sind allgemein ungültig, welche gelten im Modell II?

23. Man vereinfache die folgenden Ergebnisse:

a) $X * \overline{X}$;
b) $\phi * X$;
c) $(X * Y) * (Y * X)'$;
d) $(X * Y)' * (\overline{X} * \overline{Y})$;
e) $(X * \overline{X}) * Y$;
f) $(X' * \overline{Y})' * (\overline{Y}' * Y)$.

24. Man verifiziere das Postulat der Assoziativität für die direkte Summe von (I, +) und (I, +).

25. Man formuliere die Theoreme 1 bis 15 und deren Korrolare für die direkte Summe.

26. G sei das System $\{A, B\}$. Die Operation * sei durch die folgende Tafel definiert

B	B	A
A	A	B
*	A	B

Man zeigt leicht, daß [G, *] ein kommutative Gruppe ist. Man konstruiere eine Tafel für die kommutative Gruppe G × G, [man bezeichne deren Elemente mit a = (A, A), b = (A, B), c = (B, A), d = (B, B)].

Sachwortverzeichnis

abhängige Variable 86
Abschlußpostulat 137
Absorptionsgesetz 38
Abtrennungsregel 126
Addition 31
assoziative Operationen 34
Assoziativität 34, 38
Assoziativitätspostulat 137
Allquantor 106, 116
Antezedens 100
Äquivalenz 99 f., 127
Äquivalenzklasse 71
Äquivalenzrelation 69, 71
äquivalente Aussage 127
Ausdruck, definierter 120
—, logischer 119
—, primitiver 120
—, spezifischer 119
Aussage 94, 96
—, äquivalente 127
—, inverse 100
—, kontrapositive 100
—, reziproke 100
Aussageform 95
Aussagenalgebra 103

Bereich der Aussageform 95
— — Variablen 4
Beweis 124
—, direkter 128
—, indirekter 129
— durch Kontradiktion 129
Bild 87
binäre Operation 31, 89

Cartesisches Produkt 28

deduktives System 130
definierter Ausdruck 120
Definition 120 f.
Differenz, symmetrische 154
direkter Beweis 128
diskontinuierliche Menge 27
disjunkte Mengen 24
Disjunktion 99
diskrete Menge 27
Distributivgesetz 39
Dreiermenge 21
Dualitätsprinzip 45
Durchschnitt 32

echte Untermenge 24
1-1-Korrespondenz 88
eineindeutige Zuordnung 88
Einermenge 21

einstellige Operation 89
Element 1
elementarer Satz 97
endliche Menge 5, 22
Existenzquantor 106, 116

Familie der Untermengen 22
Funktion 80, 81, 86
—, konstante 87
funktionale Relation 80, 81

geordnetes Paar 25, 53, 86
Gleichheit 17
Glied 1
Gruppe 140
—, kommutative 133 ff., 140

Hypothese 128

Identität 9, 17
Identitätspostulat 138
indirekter Beweis 129
Inklusion 16
—, strikte 24
inverse Aussage 100
— Relation 65, 75
— Zahl 31
Inversion 67
Implikation 99 f.

Klasse 1
Konjunktion 99
Komplement 41 f., 74
komplementäre Relation 64
Komplementbildung, Prinzip der 47
kommutative Gruppe 133 ff., 140
— Operationen 34
Kommutativität 34, 38
Kommutativitätspostulat 137
kontinuierliche Menge 27
Kontradiktion 129
Kontraposition 100
kontrapositive Aussage 100
Konsequenz 100
konstante Funktion 87
Korrespondent 87
Korrespondenz 87

leere Menge 20
Lehrsatz 124
lexikographische Ordnung 72
Logik 119
logische Negation 105
— Struktur 97
logischer Ausdruck 119

Menge 1, 86
—, diskrete 27
—, diskontinuierliche 27
—, endliche 5, 22
—, kontinuierliche 27
—, leere 20
—, unendliche 5, 22
Mengenalgebra 31
Mengen, disjunkte 24
Mengenfamilie 1
Mengen, zusammengesetzte 46
Modifikatoren 96
Multiplikation 31

Nachbereich 54, 74, 81
Nachfolger 87
Negation 99
—, logische 105
Nullquantor 107

Obermenge 16
Operation 31
—, binäre 31, 89
—, einstellige 89
—, zweistellige 89
Operationen, assoziative 34
—, kommutative 34
Operator 87
Ordnung, lexikographische 72
Ordnungsrelation 72

Paar 25
Paare, geordnete 25, 53, 86
Permutation 89
Postulat 123
— des Inversen 139
Potenzmenge 22
primitiver Ausdruck 120
Prinzip der Komplementbildung 47

Quantor 106

reductio ad absurdum 130
reflexive Relation 68
Reflexivität 68
Relation 52, 54, 56
— = 9
— ≠ 9
— ∈ 2
— ∉ 2
— ⊆ 16
— ⊇ 16
— ⊈ 29
— ⊂ 25

Sachwortverzeichnis

Relation
— ⊄ 30
— ∩ 32
— ∪ 35
— der Gleichheit 9
— der Ungleichheit 9
—, funktionale 80, 81
—, inverse 65, 75
—, komplementäre 64
—, reflexive 68
—, Schaubild der 55
—, symmetrische 59, 68
—, transitive 68
—, tripartitive 72
reziproke Aussage 100

Satz 94, 105, 124
—, elementarer 97
Schaubild der Relation 55

spezifischer Ausdruck 119
strikte Inklusion 24
Struktur, logische 97
Substitutionsprinzip 11, 126
symmetrische Differenz 154
— Relation 59, 68
System, deduktives 130

Teilmenge 15
Teilmengenrelation 16
Theorem 123 f.
Transitivität 68
transitive Relation 68, 72

unabhängige Variable 86
unendliche Menge 5, 22

Untermenge 15
—, echte 24
—, Familie der 22

Variable 3
—, abhängige 86
—, unabhängige 86
Vereinigung 35 f.
Vorbereich 54, 74, 81
Vorgänger 87

Wert einer Aussage 94

Zahl, inverse 31
zusammengesetzte Mengen 46
Zweiermenge 21
zweistellige Operation 89

Eldon Whitesitt

Boolesche Algebra und ihre Anwendung

Aus dem Englischen übersetzt von U. Klemm. Mit 123 Abbildungen. Nachdruck der 2. Auflage. — Braunschweig: Vieweg 1970. VII, 207 Seiten. DIN C 5 (Logik und Grundlagen der Mathematik. Band 3.) Paperback 11,80 DM
ISBN 3 528 08184 8

Inhalt: Mengenalgebra — Boolesche Algebra — Symbolische Logik und Aussagenalgebra — Schaltalgebra — Relaisschaltungen und Steuerprobleme — Rechenschaltungen — Einführung in die Wahrscheinlichkeitsrechnung in endlichen Stichprobenräumen — Lösungen ausgewählter Übungsaufgaben.

„... Der Verfasser stellte sich die Aufgabe, den Leser, ohne mehr als elementare Kenntnisse vorauszusetzen, in das heute so bedeutsam gewordene Stoffgebiet einzuführen. Dies gelingt ihm ausgezeichnet. Es erhöht die Lesbarkeit des Buches, daß nicht nur einfach die Definitionen, Sätze und Beweise angegeben werden, sondern vielfach auch die Motivation für deren Wahl und Verwendung. Beim Studium des Buches erweist sich die große Anzahl der Übungsaufgaben, zu denen meist auch die Lösungen angegeben werden, als besonders förderlich. Das Werk kann daher als erste Einführung sehr empfohlen werden, da es überdies auch preiswert ist. Seine Anschaffung für die Lehrerbüchereien und die Oberstufen‚arbeitsbüchereien der Gymnasien dürfte unerläßlich sein."

Amtsblatt des Ministeriums für Unterricht und Kultus von Rheinland-Pfalz

Printed in Poland
by Amazon Fulfillment
Poland Sp. z o.o., Wrocław